天基信息服务体系与作战应用

管清波　冯书兴　著

国防工业出版社

·北京·

内 容 简 介

针对现有天基信息系统条块分割、系统异构、数据量大、处理复杂、协同困难、难以共享等问题,本书着眼长远发展,开展天基信息服务体系及其支持下的作战应用研究。全书共7章,主要介绍了天基信息服务体系结构、服务识别与优化、服务请求与优先级评价、服务模式、服务能力评价五个方面的理论、方法和应用,为解决天基信息的共享与协同问题提供了整体解决方案,为天基信息服务体系的建设和应用提供理论和方法支持。

本书可作为从事天基信息系统建设的专业人员和相关应用领域的军事、技术人员进行科学研究、教学、管理等工作的参考书,也可作为相关学科领域的硕士、博士研究生教材。

图书在版编目(CIP)数据

天基信息服务体系与作战应用/管清波,冯书兴著
—北京:国防工业出版社,2014.7
ISBN 978-7-118-09572-2

Ⅰ.①天… Ⅱ.①管… ②冯… Ⅲ.①信息系统
–应用–作战–研究 Ⅳ.①E83–39

中国版本图书馆 CIP 数据核字(2013)第 149126 号

※

*国防工业出版社*出版发行
(北京市海淀区紫竹院南路 23 号 邮政编码 100048)
北京嘉恒彩色印刷有限责任公司
新华书店经售
*
开本 710×1000 1/16 印张 12 字数 212 千字
2014 年 7 月第 1 版第 1 次印刷 印数 1—3000 册 定价 39.00 元

(本书如有印装错误,我社负责调换)

国防书店:(010)88540777 发行邮购:(010)88540776
发行传真:(010)88540755 发行业务:(010)88540717

前　言

近几场局部战争表明,各种军事活动对天基信息的依赖性越来越大,也对其作战支持能力提出了更高的要求。信息时代的作战,尤其是网络中心概念下的作战,对信息的要求是"在恰当的时间以恰当的方式获得正确的信息并与恰当的人分享",要求通过信息的共享与同步促进指挥控制和作战行动的自主协同和同步。现有天基信息系统条块分割、数据量大、处理复杂、难以共享、系统异构等问题已成为将天基信息优势转化为决策优势和作战优势的主要障碍,严重影响整体效能的发挥,现有的支持作战应用方式也难以满足未来信息化条件下联合作战的需求,迫切需要一整套从信息获取、信息处理到信息传递与共享的解决方案。传统的技术和方法难以从根本上解决上述问题,天基信息服务体系作为一种新型体系结构,具有松耦合、以网络为中心、灵活适应变化、资源可重用等优点,可以解决目前天基信息系统支持作战应用存在的诸多问题。

本书立足现有条件,着眼长远发展,开展天基信息服务体系及其支持下的作战应用研究,对更好地发挥天基信息系统的效能、提升整体作战支持能力、满足未来战争需求具有极为重要的意义。通过研究天基信息服务体系框架及其支持下的作战应用问题,可以解决天基信息服务体系如何建、怎么用等问题,为解决天基信息的共享与协同问题提供了整体解决方案,为天基信息服务体系的建设和应用提供理论和方法支持,使天基信息能更好地服务于作战,发挥其最佳效能,将信息优势转化为作战优势,促进指挥控制和作战行动的自主协同和同步,提升基于信息系统的体系作战能力。

本书共分7章,主要内容如下:

第1章从总体上介绍了天基信息系统的构成、功能和特点,阐述了面向服务体系结构的基本概念、特点、设计方法和军事应用现状,分析了体系结构验证和能力评估方法,介绍了体系结构描述与仿真工具。

第2章论述了天基信息服务体系框架设计问题研究,即服务体系结构形式问题,主要解决天基信息服务体系"是什么"的问题。分析了天基信息服务体系的现状和建设目标,提出了功能需求和非功能需求,制定了天基信息服务体系框架设计原则,从系统总体结构、功能结构、逻辑结构、物理结构、数据结构五个方面对天基信息服务体系进行了顶层设计,梳理和整合了系统建设时可遵循的相关军用标准和国际标准。

第 3 章论述了天基信息服务识别与优化问题,主要解决天基信息服务"有哪些",即服务项目问题。研究了天基信息服务识别的准则、方法和过程,分析了天基信息服务资源的构成和能力,探索了天基信息服务协同规则;构建了天基信息应用流程的有向图模型,设计了流程的聚合和分解规则,并建立了面向服务识别的网络拓扑聚类算法实现复杂结构的节点聚合;识别出了满足服务特性的天基信息服务集,提出了天基信息服务描述的方法和要素。

第 4 章论述了天基信息服务请求表述与优先级评价问题,主要解决对于天基信息服务,用户"如何要",即用户的请求表达问题。介绍了天基信息服务请求特征,对天基信息服务请求的类型、内容和质量要求进行了分析,从服务提供角度将天基信息服务请求分为五类,并采用 XML 语言分别进行表述;设计了 MV – DBSCAN 算法对天基信息服务请求进行优先级评价。

第 5 章论述了天基信息服务模式问题,主要解决天基信息服务"怎样给",即服务的提供方式问题。基于服务交互的四种基本模式,结合天基信息服务作战应用的特点,将天基信息服务模式分为推送服务模式、在线共享服务模式和协同服务模式三类;比较分析了服务模式的特点、执行方式和适用范围;建立了基于 CBR 的用户需求预测模型,解决了主动推送模式下的用户需求预测问题。

第 6 章论述了天基信息服务体系能力评价问题,主要解决天基信息服务体系的有效性问题。厘清了服务能力与服务质量的基本概念,设计了服务能力评价指标体系,提出了天基信息服务能力指标值获取与处理方法,对不同方案下天基信息服务能力的单项指标进行了对比分析,然后运用层次分析法进行了综合评价。

第 7 章论述了天基信息服务体系的典型应用问题,以导弹反航空母舰作战为例开展了案例研究。以弹道导弹反航空母舰作战为例,在分析作战过程以及作战过程中各个阶段对天基信息服务需求的基础上,将作战流程中的关键节点按服务节点类型接入天基信息服务体系中,阐述了从用户角度如何在天基信息服务体系支持下获得服务支持的过程、方式和方法,分析了天基信息服务体系支持下天基信息服务的共享、协同和整合效果。

本书是作者在近几年的教学经验和科研成果基础上整理、总结和提炼而形成的,同时也参阅和引用了大量的中外文献。撰写过程中,注重军事与技术相结合,力求系统完整、技术先进,尽量反映天基信息应用领域的新进展、新成果,但是由于体系结构设计理论、作战应用技术不断发展,加之作者水平有限,不妥之处在所难免,敬请读者批评指正。

作 者
2013 年 11 月

V

目　　录

第1章 天基信息系统与面向服务体系

1957年10月4日,苏联把世界上第一颗人造地球卫星送入太空。1960年8月18日,美国成功地发射了第14颗"发现者"返回式成像侦察卫星,这是世界上第一颗军事应用卫星,该卫星的发射与回收成功,标志着人类利用空间进行军事活动的开始。1961年7月,美国侦察卫星在柏林危机事件中首立战功,在之后多次局部战争中的作用日益凸显。随着卫星数量增加、种类丰富和能力增强,系统逐步发展完善,形成功能完善、天地一体的空间信息系统,可获取侦察、监视、预警、环境探测、测绘等信息,提供通信、广播、中继、导航、定位、授时等服务,成为各类军事活动不可或缺的制胜要素。作为一种新型而功能强大的信息系统,分析天基信息系统构成、功能和特点,探索实现信息同步与共享的技术途径,更好地发挥其信息优势,并将信息优势转化为作战优势,是当前亟需解决的问题。

1.1 天基信息系统

1.1.1 天基信息系统构成

与陆基、海基、空基信息相比,天基信息具有不受国界和地理条件限制、覆盖范围广,可全天时、全天候、全空域提供,获取的信息时效性好等优点。天基信息系统主要包括天基信息获取系统、天基信息传输系统和天基时空基准系统和天基资源综合管理系统,如图1-1所示。其中,天基信息获取系统是由以卫星为主的航天器、地面站及相关设备组成,用于从外层空间发现、识别和监视地表、空中及外层空间的目标,获取目标和环境信息的系统,包括天基侦察与监视系统、天基预警系统、天基环境探测系统等。天基信息传输系统是以卫星为主的航天器作为中继、交换站,将信源信息传递到信宿的系统,包括天基通信系统、天基战场态势直播系统和天基数据中继系统等。天基时空基准系统是以航天器为平台,能为陆地、海洋、空中、外层空间用户提供时间和空间基准的系统,包括天基导航定位系统和天基地球测量系统。天基资源综合管理系统是综合各类用户需求,对各类天基信息和海陆空基信息进行综合集成,实现快速分发和信息共享,并进行天基资源综合应用系统内部的系统监控、网络管理和信息安全管理的系统,包括天基资源管理系统、运行控制系统和航天器维修保障系统。

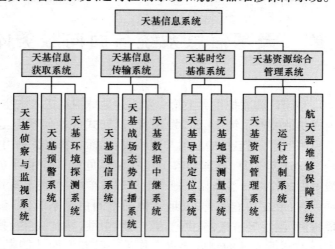

图 1 – 1　天基信息系统构成

1.1.2　天基信息系统功能

1. 提供侦察监视情报支持

侦察监视情报支持是利用侦察监视卫星系统,发现、识别和跟踪监视陆、海、空的各类目标,获取目标信息(特别是动态敌情信息),在经过快速处理后,提供给作战指挥机关和作战单元的过程。空间侦察监视具有位置高、视野大、范围广、限制少等特点,不受国界、政治、地形和气候等条件限制,是目前获取敌方重要信息的主要手段之一。对敌有效实施天基侦察监视,可使各级指挥员及时全面掌握战场态势、准确判断敌方作战意图、正确制订作战计划。按信息类型和获取方式,可以分为成像侦察情报支持、电子侦察情报支持、海洋监视情报支持等。

1）成像侦察情报支持

成像侦察情报支持是利用空天信息平台上的光学、光电或微波成像遥感器获取目标图像信息,经过处理后为用户提供目标信息的过程。该任务的目标是获取战场的图像信息,进行地面目标监测与识别。获取目标信息所使用的遥感器主要有可见光相机、红外相机、多光谱或超光谱相机、微波成像雷达等。为提高图像的地面分辨率,侦察卫星一般运行于 200～1000km 的低地球轨道。可见光照相的详查空间分辨率优于 0.5m,普查空间分辨率优于 2m,可获得极高的图像分辨率,对目标的定位误差小于 100m,而且信息直观;红外多光谱成像的空间分辨率优于10m，能实施夜间侦察，具有一定识别伪装的能力，但是与可见光照相一样受气象条件的影响；多光谱成像的谱段分辨率达10～20nm，具有识别伪装和揭示更多目标特征的能力，对目标的定位误差小于100m；微波成像的空间分辨率优于5m，具有全天候、全天时侦察能力，对目标的定位误差小于100m。侦察卫星对目标侦察的时间分辨率为2～4h，对某一战区侦察的时间分辨率为3～5天。分辨率优于1m的成像侦察信息可以用于确认和鉴别各类车辆和装置；分辨率几米的成像侦察信息可用于识别车辆位置和特征；分辨率几十米的成像侦察信息可用于定位机场、军事基地等目标。

2）电子侦察情报支持

电子侦察情报支持是利用空间侦察监视平台上的无线电接收装置侦收雷达、通信和遥测等系统发射和辐射的电磁信号，通过对获得的电磁信号进行加工处理和破译，获取这些辐射源的各种技术参数和精确的地理位置，并向用户提供电子侦察情报的过程。该任务的目标是侦收敌方的雷达信号，测定其战术技术参数、位置，判明其类型、用途以及与之相关的防空系统、武器系统的配置情况；侦收、分析敌方的遥控、遥测信号，掌握其战略武器系统的性能、试验情况和发展动向；截获敌方的无线电通信，获取其情报；长期监视敌方电磁辐射源的变化情况，获取其电子设备发展水平以及部队配置和活动规律等情报。空间电子侦察具有范围广、速度快、效率高、不受国界和天气条件限制等优点，可以对敌方进行长时间、大范围的连续侦察监视，获取实效性很强的电子侦察信息。

用于空间电子侦察的卫星按定位方法分为单星定位制卫星和多星定位制卫星；按侦察对象分为侦察雷达和遥控、遥测信号的电子情报型卫星和窃听通信的通信情报型卫星；按侦察任务的不同可分为普查型卫星和详查型卫星。

3）海洋监视情报支持

海洋监视情报支持主要指利用海洋监视卫星进行电子侦察和成像侦察，发现和识别海洋目标，确定其位置、航向和航速等信息，并向用户提供海洋监视信息的过程。海洋监视卫星有电子型和雷达型两种，早期的海洋监视多为电子型，电子型海洋监视卫星又称被动型海洋监视卫星，一般采用多颗卫星上的电子侦察设备同时截获海面目标发射的无线电通信信号和雷达信号，以测定目标的位置和类型。通过测出两颗卫星收到海面某信号源的时间差（两卫星到信号源的距离差），即可获得以这两颗卫星为焦点的双曲面，再用另外两颗卫星又可获得一双曲面，两双曲面交线与地面的交点就是海面信号源的位置。这类卫星一般载有电子信息收集系统，如石英晶体视频接收机、全向电子信息天线阵、多通带滤波器和倍频检波器等。为探测潜航的核潜艇，还装备有毫米波辐射仪和红外扫描器。雷达型海洋监视卫星又称主动型海洋监视卫星，它载有大功率、大孔径、核动力雷达,发射雷达波束对海面扫描并接收由目标反射的回波信号,以确定舰船的位置和外形尺寸。通常由两颗卫星配对工作同时进行测量,这样可以消除或减少海面杂波的干扰,容易探测到较小的目标。这类卫星能在恶劣气象和海况条件下实施昼夜监视。

2. 提供通信与数据中继服务

通信与数据中继卫星具有全球连续覆盖、动态信道分配、基本不受地形地貌限制、能迅速布设/撤收通信网络等特点,是军事通信和情报传输网络的重要组成部分。通信与数据中继卫星可在地球表面和空间两个或多个终端之间进行双向交互式信息传输,保证信息通道畅通无阻。其主要作战任务包括以下几方面:

1) 指挥通信保障

卫星通信覆盖面积之大和通信距离之远是任何其他通信方式所不能比拟的。卫星通信已成为未来作战大范围、远距离通信的重要手段。在作战中,上级通过通信卫星以语音、文字、图像等方式将作战命令下达到作战部队;作战部队通过通信卫星以语音、文字、图像等方式向上级报告相关作战态势和命令执行情况等。

2) 侦察情报传输

现代精确打击武器对打击目标的定位信息、气象信息等情报保障信息需求非常详细,需要传输的情报信息如数据、图像等信息量很大,要求卫星通信系统具备较大的通信速率,以便将情报信息实时(准实时)地传递到作战部队,及时、准确地提供关于我情、敌情的战场态势信息。卫星通信传输容量大,传输业务多,在未来作战中将承担大量的多种类型的信息传输。

3) 协同通信

卫星通信具有面状覆盖和多址连接的特性,地球站只要在卫星电波覆盖区域内,都可建立多址连接,用卫星通信为陆、海、空、二炮等各军兵种部队之间的作战行动提供通信服务,以便发挥联合火力打击的优势。

3. 提供时空基准服务

时空基准服务是指利用运行于地球中高轨道的卫星星座连续向地球表面发射带有准确发射时间以及卫星在空间准确位置等信息的无线电信号,地球表面及近地空间的导航接收机通过接收多颗卫星信号并进行测距而给出其载体的准确位置、速度和时间的过程。

该任务的目标是为力量投送、目标定位、武器的精确制导提供全球性、全天候的导航、定位与授时信息服务,主要作战任务包括:发布导航信号和导航电文,为全球各地的陆、海、空部队、武器系统,以及低轨道上的航天器提供连续、实时、精确的导航、定位与授时服务;为远程打击武器提供精确制导信息,提高武器命中精度；为指挥信息系统提供精密授时；为各级部队提供精确的方位、速度和时间信息，使作战部队在夜间、浓雾和复杂的地形条件下，准确、迅速地机动；为在轨航天器提供导航定位和精确授时，提高航天器轨道测量精度。

4. 提供预警信息服务

预警信息服务是指利用导弹预警卫星系统从空间探测、发现、识别、跟踪和预报导弹等飞行目标，为防御导弹攻击、空袭和实施战术反击的作战行动提供导弹发射时间和地点、飞行轨道预报、落点预报等信息的过程。天基预警系统具有可全天候全天时地观测、探测范围广、预警时间长的特点，与陆基、海基、空基预警系统一起构成国家战略预警系统，为国家防御战略、外交策略等提供告警情报。其主要任务是采用多星组网（高、中、低轨道）和多种探测（光电、红外、微波等）方式，对某一特定地区或全球进行持续不间断的导弹探测，实时跟踪和测算导弹轨迹并进行落点计算，为地基雷达或导弹防御力量提供及早、及远的预警信息。

5. 提供环境探测信息服务

环境探测信息服务是指利用航天器探测地球陆地、海洋、大气和空间环境变化，为作战提供地形、地貌、海况、气象和电磁场等战场环境信息的过程，可分为陆地环境探测、气象环境探测等。陆地环境探测信息服务是利用卫星上的光学、红外或微波遥感设备，收集陆地表面辐射或反射的多种波段的电磁波信息，并记录下来，由传输设备发送回地面进行处理和加工，判读资源、地形和景物等信息的过程。气象环境探测信息服务的主要任务是利用卫星平台上携带的各种气象遥感仪器，接收和测量地球及其大气层的可见光、红外与微波辐射，形成战场气象资料，预报天气形势发展变化，为各级指挥员及部队提供气象保障。

主要作战任务包括：为作战部队提供地球形状、地球重力场、地磁场分布状况等资料，增强各种精确制导武器的技术性能；测定地面战场的地形地貌、海战场环境及各种目标的位置、高度，为绘制详细、精确的军用地图提供要素信息；通过对地球及其大气层进行气象观测，获取战场气象资料，预报天气形势的发展变化，为各级作战部队提供气象保障。

1.1.3 天基信息系统特点

1. 天基信息系统结构复杂，具有分布性、异构性和分制性

作为一个天地一体化信息系统，天基信息结构复杂，具有鲜明的分布特性。这种分布特性主要表现在资源地理空间分布、有效作战时间分布、资源管理部门分布和应用对象分布。在地理空间上，天基信息系统中的各类卫星平台和有效载荷资源分布在高、中、低不同的轨道上，通信和数据中继链路、指控中心、地面站、处理中心等分布在海、陆、空、天多维空间,具有地理空间的分布性;在时间上,分布在不同轨道上的各类卫星按自身的轨道特性运转,有效作战时间窗口动态变化,各类天基信息资源的可用时间具有分布性;在管理上,不同类型的天基信息资源隶属于不同的部门,各部门之间无明确的指挥关系和协同关系,各类天基信息资源分散管理;在应用上,目前天基信息系统大多应用于战略目的,服务于战略层次,但随着天基信息系统建设的不断完善和军事应用的不断深入,天基信息的服务对象将转向一线作战部队的战役战术应用,服务对象比较分散。

天基信息系统的异构性主要表现在数据的异构性和系统的异构性两个方面,是影响其效能发挥的重要因素之一。天基信息系统的主要信息资源为各类数据,这些数据形式可能为图形、图像、电子信号、语音、文字等,类型各异,同时由于缺少统一的数据标准,同一类型的数据格式和结构也存在不同,数据具有异构性。天基信息系统中的各类信息处理、信息交换、信息应用等功能由多个子系统完成,由于历史和技术原因,这些子系统在开发平台、软件工具、流程结构、数据和用户接口等方面各具特色,差异较大。目前制订和公布的与天基信息系统建设和应用相关的国军标已对信息数据、信息交换格式、数据与信息处理软件和安全要求进行了规范,但是标准体系不够完善;目前正在开展栅格技术、服务体系等研究,正在针对天基信息系统的异构性问题探索有效共享与集成的技术途径。

天基信息系统的分制性主要表现在各类系统相互独立、自成体系和部门所有。受技术水平和运行体制的限制,天基信息系统按照其功能,归属各个相对独立的部门所有,由各个部门独立进行管理和运行协调。分制管理的特点导致了部门垄断、条块分割的局面,严重影响了天基信息系统作战应用效能的发挥。

2. 天基信息系统技术密集,具有多学科综合性和技术先进性

天基信息系统是高技术密集的结晶,是以先进的航天技术和信息技术为支撑、以军事需求为牵引的高技术军事信息系统。其中,航天技术集中了航天器技术、运载火箭技术、测试发射技术、测量控制技术等,信息技术是则集中了微电子技术、计算机技术、通信技术、控制技术和系统工程技术等,具有典型的多学科综合特点。

天基信息系统所涉及的技术大多为该领域最先进的技术,在航天技术领域产生了一大批高价值的创新成果,这些成果不仅产生了较好的军事效益,也带动了民用经济的发展。据报道,我国的航天技术对相关产业具有明显的促进和带动作用,近年来开发使用的1100多种新材料中,80%是在航天技术的牵引下完成的,目前我国已有2000多项航天技术成果移植到国民经济的各个部门,成为经济发展的"倍增器",这从另一个侧面说明了天基信息系统技术的先进性。

3. 天基信息系统资源多样,具有动态性和有限性

天基信息系统资源是多样的。天基信息系统中拥有众多不同类型的资源,如遥感探测资源、计算资源、存储资源、链路资源、时空基准资源等,这些资源具有不同的功能作用、技术特点和处理方式,呈现出多样性;同时,由于用户需求不同、资源类型不同、管理体制不同等也导致了资源服务模式和内容的多样性,不同类型的资源以不同的服务模式和产品形式提供给用户。

天基信息系统资源是动态性的。在天基信息系统运行的过程中,每一时刻资源的能力和使用情况都在发生着变化,构成呈现出鲜明的动态性特征。天基信息系统资源构成的动态性主要表现在两个方面:首先是资源网络拓扑结构的时变性,由于天基信息资源主要由运行在太空的卫星平台和有效载荷组成,为此资源网络的拓扑结构就会由于其空间位置的变化而产生出一定的时变性;其次是系统资源组成的变化,天基信息系统的建设是一个长期的、迅猛发展的过程,其建设过程与更新过程是交织在一起而滚动进行的,为此,天基信息系统资源的数量、性能以及资源类型都在不断地变化更新,同时,作为军事应用的天基信息系统,当其处于对抗环境中,可能会由于敌方的攻击而造成资源的损伤或能力下降,短期内难以修复或补充,从而造成资源构成的动态变化。

天基信息资源是有限性的。天基信息系统正处于发展建设时期,天基信息资源的数量、能力和服务对象有限。目前我国在轨的卫星数量只有 80 余颗,远低于美军、俄军所拥有的卫星数量,难以做到全天候、全天时和全频域的信息保障;虽然我军天基信息系统已现雏形,但技术水平与美军相比尚有较大差距,能力结构也不够完整,还缺少卫星预警系统,无法对来袭导弹进行早期预警;同时天基信息服务对象也主要集中在战略层次,主要用于战略情报侦察,对战役战术层次的支持能力还比较弱。

4. 天基信息系统应用广泛,任务复杂、协同要求高

天基信息系统用户多,任务复杂。与陆军、海军等其他信息系统不同,天基信息系统的服务对象是全军的各级各类用户,这些用户对天基信息支援的需求具有多样性、动态性和不确定性等特征,因作战职能、作战任务和作战环境的不同而存在较大差异,使得天基信息系统作战任务多样复杂;同时,受国力和天基信息系统规模的约束,为了更大地发挥天基信息系统的作用,目前大多数卫星系统均为军民合用,如"风云"系列卫星、资源系列卫星,而军民用户的要求在数据质量、时效性、安全性等方面存在较大差异,任务更为复杂。

天基信息系统需整体运用,协同要求高。由于各种类型的天基信息系统资源均具有一定的优势和局限,卫星系统独特的轨道特性使得要完成一定的任务要求必须多颗卫星协同工作,充分发挥各自的优势,相互配合,达到最佳的保障效果,因此天基信息系统需整体运用,协同要求高。协同要求包括两个层面,一是天基信息系统内部各类资源的协同,二是天基信息系统与其支援对象之间的协同。我国天基信息系统尚正处于建设发展阶段,卫星数量和能力有限,难以像美军那样,做到全球覆盖、无缝链接,要完成一定的作战任务,对协同要求就更高。只有通过协同,才能保证满足重点区域的天基信息支援需求。另外,天基信息系统的服务对象是全军的各级各类用户,为了做到信息的无缝接入,除了从技术保障外,协同亦是关键。

1.1.4 天基信息系统作战应用

1960 年 8 月 18 日,美国成功地发射了第 14 颗"发现者"返回式成像侦察卫星,这是世界上第一颗军事应用卫星。该卫星的发射与回收成功,标志着人类利用空间进行军事活动的开始。1961 年 7 月,美国侦察卫星首次立功,在"柏林危机"事件中发挥了重要作用;接着,在 1962 年的"古巴导弹危机"事件、1973 年 10 月的阿以"第四次中东战争"、1982 年的英阿马岛战争、1986 年的空袭利比亚、1989 年入侵巴拿马的军事行动中,都动用了卫星为其提供支援保障。

在 1991 年的海湾战争中,由 70 多颗卫星、118 个卫星地面站等组成的天基信息系统更是显示了其强大信息支援能力、对战场进程的巨大影响力和多国部队胜利的重大贡献。此后,美国通过波黑战争、"沙漠之狐"军事行动、"盟军行动"、"持久自由行动"等不断检验和发展天基信息系统,并将其作战应用推向更高层次的发展。

2003 年 3 月 20 日,美国发动的伊拉克战争是 21 世纪第一场现代化高技术战争,在这次战争中,美国航天技术与装备得到了广泛应用,卫星应用装备在使用数量、种类、使用领域、配套设置建设上都达到了空前的规模,基本形成了空间优势,大大提升了战场态势感知、指挥通信、精确制导等方面的能力,全面提升了整体作战效能,形成了绝对信息优势下的非对称作战。伊拉克战争共持续了 28 天,各类卫星在战前准备、战争集结、战争进行和战争结束阶段都得到了广泛的应用,发挥出巨大军事效益。美国在本土有 21 处、本土之外有 15 处基地为伊拉克战争提供天基支持,3 万余人利用卫星系统直接或间接地为这场战争服务,卫星在战争中的应用成为美军快速制胜的重要因素。

美国部署的军用卫星系统覆盖了对伊作战所需要的各个信息领域,动用的各类军用民用卫星达 150 多颗,种类包括通信卫星、广播卫星、数据中继卫星、导航定位卫星、成像侦察卫星、电子侦察卫星、海洋监视卫星、导弹预警卫星、军民气象卫星、商业遥感卫星、商业通信卫星等。其中,通信卫星 106 颗,包括国防卫星通信系统(DSCS)10 颗、超高频后继军用通信卫星(UFO)10 颗、军事战略战术卫星系统（MILSTAR）5 颗、铱星系统（Iridium）75 颗、跟踪与数据中继卫星（TDRS）6 颗；成像侦察卫星 7 颗，包括"锁眼"（KH - 12）卫星 3 颗、8X 卫星 1 颗、"长曲棍球"（Lacrosse）卫星 2 颗、"伊科诺斯"（Ikonos）卫星 1 颗、"快鸟"2（QuickBird - 2）卫星 1 颗；电子侦察卫星 12 颗，包括"水星"（Mercury）卫星 2 颗、"喇叭"（Trumpet）卫星 3 颗、"猎户座"（Orion）卫星 2 颗、"白云"（White Cloud）卫星 5 颗；导弹预警卫星（DSP）5 颗；全球导航定位系统（GPS）28 颗。大量的卫星应用装备也被投入实战，典型的有：美军第 4 机械化步兵师，师一级配备的"多路战术卫星通信终端"，团以下装备的 AN/PSC - 5（Spitfire）单信道单兵背负式卫星通信终端 67 台；陆战 1 师配备的使用商用 L 波段卫星的通信系统——"蓝军部队跟踪系统"，师级指挥部采购的 77 部带有电子密钥管理系统的"铱星"电话，从团到营级都装备的使用战术卫星的 OS - 302 车载天线；"在实战中唯一能够在移动中正常工作"的"21 世纪旅及旅以下部队战斗指挥系统"（FCBC2）等，美国空军的"鹰眼"-1 移动卫星图像地面站。纵观整场战争，卫星应用装备在确保美军空间优势、提高美军快速反应能力、加强天地一体化 C^4ISR 能力、完善空间基础设施建设、形成全谱态势感知能力方面具有极其重要的作用。

经海湾战争、科索沃战争和伊拉克战争的实战检验，美军不仅验证了天基信息的军事价值，同时也发现了现有空间系统作战应用中存在的问题，即各部门建立了大量的专有系统，由于系统之间不能互通，终端的设计也大相径庭。因此虽然数目众多，但因为分散建设和独立运行，形成的却是单一功能的"烟囱"，难以发挥整体效益。因此，美军开始大力发展面向网络中心战的天基信息系统，通过星间通信技术和网络技术的全面改进提升及全面集成，不仅形成无缝的天基信息综合网，而且所有天基信息的获取、传输、处理、分发同时纳入全球信息栅格，采用面向服务体系实现全空域信息共享和综合利用，形成天地一体化网络，对陆海空天信息一体化管理，改变一种卫星用于同一类用户的状况，实现全域信息共享和综合利用，使战略、战区、战术各个层次上均可实时、近实时地利用天基信息、全球信息栅格、面向服务体系等概念、技术和方法，可以确保信息优势，保证"在正确的时间、正确的地点，将有用的情报信息送到适当的用户手中"。

与美国相比，我国除在卫星数量和性能上有较大的差距外，在天基信息应用系统建设方面，也存在相似问题。主要表现在现有天基信息应用系统是按部门进行建设，并按现有职能分工和体制编制进行管理，导致现有各类卫星管理控制系统之间缺乏统一设计，任务接口和数据类型及格式都存在较大差异，并且现有各类卫星地面系统互通互联不够，各部门之间较少进行统一的任务实施，这些因素制约了天基信息系统作战能力的发挥。由此可见，构建一个良好结构的天基信息作战应用体系,实现系统集成、全域信息共享和综合利用是未来天基信息作战应用系统建设的主要目标。

1.2 面向服务体系结构

1.2.1 面向服务体系结构概念及特点

面向服务体系结构(Service – Oriented Architecture,SOA)也称为面向服务的架构、面向服务的体系结构,或以服务为中心的体系结构,其主要思想于 20 世纪 90 年代末由美国的 IT 研究资咨询公司 Gartner 提出,至今已经有十余年的发展历程。关于 SOA,目前尚未有一个统一的、业界广泛接受的定义。SOA 有很多定义,但基本上可以分成两类:一类认为 SOA 是一种将信息系统模块化为服务的体系结构风格;一类认为 SOA 是包含环境、编程模型、体系结构风格和相关方法论等在内的一整套新的分布式软件系统构造方法和环境,涵盖服务的整个生命周期。

由此可见,SOA 不是一种语言,也不是一种具体的技术,更不是一种产品,而是一种在特定环境下推荐的体系结构模式,是一种理念,是人们面向应用服务的解决方案框架。

美军一直十分重视体系结构的发展,把体系结构作为国防部转型的重要手段,体系结构的研究经历了漫长的研究历程,自 1995 年美国国防部成立 C⁴ISR 一体化任务组(ITF)起,美军开始了体系结构的研究,并不断修改和丰富体系结构的内容和描述方法。通过十多年来的积极探索和实践,从"C⁴ISR 体系结构框架"到"国防部体系结构框架",除应用范围从 C⁴ISR 领域扩展到所有的军事领域外,美军体系结构设计方法的发展也经历了以产品为中心向以数据为中心的转变,并提出了以服务为中心的概念,认为 SOA 是解决网络中心问题的关键,提出了较为完善的面向服务的解决方案。效仿美军做法,英国和北约也相继提出了本国的体系结构框架,并在其体系结构产品中增加服务相关视图。我国的相关科研院所在跟踪国外研究的基础上,也开展了体系结构的研究,SOA 逐渐被军方接纳并开展了相关研究工作。

由此可见,SOA 已成为各国军事领域体系结构发展的主流方向,它基于开放的标准和协议,具有松散耦合、支持应用系统高效整合和业务流程随需应变的特点,为天基信息作战应用系统的构建提供了全新的解决方案。

SOA 具有以下特点:

(1)以服务为中心。在 SOA 中,服务是最基本的单元,提供了服务提供者的语义特征、接口特征和服务的各种非功能特征,通过标准协议和数据格式进行通信。SOA 中服务的设计和服务之间的协作主要针对具体的业务流程进行设计和开发,通过业务选择技术,避免了技术制约业务的问题。

(2)松散耦合。服务良好的封装性将具体的实现细节隐藏起来,使得服务的设计和实施更加灵活和适应变化,实现了服务之间的松散耦合,SOA 允许独立地开发服务提供者和消费者而不用考虑各自的技术组成,且实施细节和方法的改变不会对整个业务流程造成影响。

(3)以网络为中心。架构中的服务位于广域分布的网络之中,通过标准的接口对服务进行访问,实现网络中资源的有机整合和透明访问。

(4)采用开放的接口。SOA 的实施强调基于统一的标准,SOA 系统建立在大量的开放标准和协议之上,以实现系统及信息的互联互通和互操作。

(5)灵活适应变化。针对环境和业务流程的变化,在不改变服务接口的前提下,支持服务提供者和服务使用者的动态改变,能够动态地将各种服务按需组织在一起以快速、敏捷地响应变化。

(6)重用现有资源。SOA 强调对服务的重用,通过以服务的方式对已有系统进行封装或基于服务开发新的系统,使资源的利用更加高效。

1.2.2 面向服务体系设计方法

实现 SOA 时,技术与方法贯穿于项目规划、系统分析与设计、系统实施、系统部署和维护,以及整个过程中的监控和管理等的整个生命周期。从实践的角度说,主要包括以下几个方面:

(1)面向服务的分析与设计(SOAD)。是以服务为中心,根据业务需求发现服务、描述服务,并设计服务的实现。

(2)面向服务的开发过程。结合现有开发过程,规划以服务为中心的开发过程中的角色、职责、活动和工件。

(3)SOA 成熟度分析和迁移线路图。以服务为中心,分析现有或目标系统的成熟度,并设计从现有成熟度迁移到目标成熟度的线路图。

(4)SOA 监管。设计组织和流程,确保 SOA 的设计原则在 IT 生命周期中得以贯彻,管理服务生命周期中的各种迁移的合理性等。

其中,面向服务的分析与设计是构建 SOA 的基础,也是进行天基信息应用服务体系设计的基础。

1. SOMA 方法

IBM 的 SOMA(Service Oriented Modeling and Architecture,面向服务的建模

与架构），提出了面向服务体系设计的主要过程和方法。SOMA 将面向服务体系设计分为服务识别（Identification）、服务规约（Specification）和服务实现（Implement）（图1–2），其中服务识别的主要任务是确定在一定范围内可能成为服务的候选者列表，即有哪些功能/信息基本满足服务特性，可以作为候选服务。服务规约的主要任务是规范性地描述服务各个方面的属性，包括：输入输出等功能性属性；服务安全约束和响应时间等服务质量约束（非功能性约束）；服务在业务层面的诸多属性，如涉及的业务规则、业务事件、时间/人员消耗等；以及服务相关方面的关系，如服务间依赖关系、服务和业务组件的关系等。服务实现则是要落实服务规约，要通过对现有系统的分析，确定服务分配，进行服务实现决策，完成服务基础设施设计等。服务实现包括服务、组件和服务组合的实现。SOMA 方法从总体上指导着面向服务体系的设计，是最高层面的设计方法，其他方法大多是 SOMA 方法的具体化和延伸。

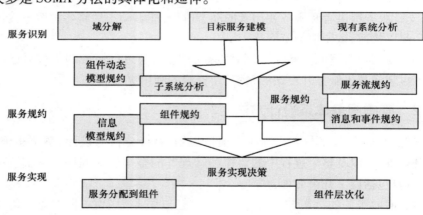

图1–2　面向服务体系设计的 SOMA 方法

　　需要说明的是，在面向服务体系的设计和应用阶段，都需要进行服务识别。在服务体系设计阶段的服务识别（即 SOMA 中的服务识别），目的是确定体系中有哪些服务；而在服务体系应用阶段的服务识别，目的是从系统所提供的服务中发现和选择满足用户需求的服务或服务集合。这两个阶段的服务识别的目的截然不同，采用的技术方法也有差异，本书第4章所研究的是体系结构设计阶段的服务识别和优化。

2. 多视图方法

　　"体系结构"一词，最早于1964年出现于计算机领域，表示系统的组成要素及其相互关系，以及指导系统设计和发展的原则和指南。随着信息技术的飞速

12

发展和广泛应用,系统的功能结构和相互关系日益复杂,迫切需要先进的体系结构设计方法。1986 年,J. A. Zachman 提出的"Zachman 框架",建立了一种描述和表示系统任务、组成、功能和结构的易于理解的逻辑模型,使得复杂系统工程中的各种人员,能够从不同视角描述系统。在 Zachman 框架的启发和指导下,一些复杂系统结构的设计,都采用了视图的方式,服务体系结构的设计也不例外。

目前面向服务体系设计基本采用 Kruchten 提出的 4 + 1 视图的改进版,常用来对服务体系设计的不同层面进行描述和规范。四个视图分别是逻辑视图、实现视图、部署视图和进程视图,配合最佳实践典范和模式视图。其中,逻辑视图用来描述服务体系的各个层次,以及上层部件与它们各自的关系;实现视图用来描述实现体系结构的各种软件基础设施,提供软件基础设施和逻辑视图中各层次的映射;部署视图用于描述建议的部署配置,来部署服务体系中的部件(或系统);进程视图用于描述逻辑视图中各个部件和层次间的交互方式和完整的服务流程,这四个视图最后通过模式视图来协调和集成,如图 1 - 3 所示。

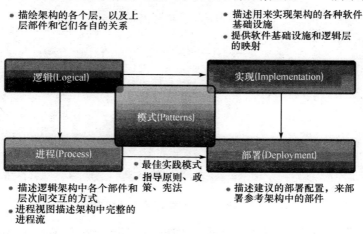

图 1 - 3　SOA 参考架构的 4 + 1 视图

美英等国的国防部体系结构框架也采用视图的方式来设计和描述。当面向服务和面向服务体系结构体系理念被用于解决军事领域的问题时,它们迅速在其国防部体系结构框架中增加了面向服务视图,促进其网络中心能力建设。

美国国防部认为服务和面向服务的体系结构是实现网络中心目标的关键,在 2007 年出版的《国防部体系结构框架(Department of Defense Architecture

Framework，DoDA）1.5》中首次提出在其视图（也称视角）产品中增加了服务的内容，2.0 版本正式提出了面向服务的体系结构，增加了 10 种服务视图产品 SvcV（Service Viewpoint），用于描述服务的类别和功能、提供服务的系统，以及服务于支持作战活动的对应关系，旨在更有力支撑网络中心能力建设，并在能力视图的 CV -7 中描述了所需能力与其支持下的服务间的对应关系，架设了利用能力视图分析能力和利用服务视图分析服务间的桥梁（图 1 -4）。10 种服务视图产品分别为：服务接口描述（SvcV -1）、服务资源流描述（SvcV -2）、系统服务矩阵（SvcV -3a）和服务 - 服务矩阵（SvcV -3b）、服务功能描述（SvcV -4）、作战活动到服务的溯源矩阵（SvcV -7）、服务演进描述（SvcV -8）、服务技术预测（SvcV -9）以及服务规则模型（SvcV -10a）、服务状态转变描述（SvcV -10b）和服务事件追踪描述（SvcV -10c）。

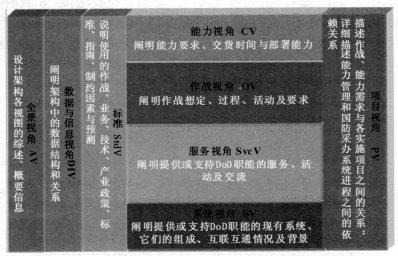

能力视角 CV
阐明能力要求、交货时间与部署能力

作战视角 OV
阐明作战想定、过程、活动及要求

服务视角 SvcV
阐明提供或支持DoD职能的服务、活动及交流

系统视角 SV
阐明提供或支持DoD职能的现有系统、它们的组成、互联互通情况及背景

设计架构各视图的综述、概要信息 全景视角 AV

阐明架构中的数据结构和关系 数据与信息视角DIV

说明使用的作战、业务、技术、产业政策、标准、指南、制约因素与预测 标准 StdV

描述作战、能力需求与各实施项目之间的关系；详细描述能力管理和国防采办系统进程之间的依赖关系 项目视角 PV

图 1 -4　DoDAF 2.0 版的体系结构视图

英国国防部成立了国防部体系结构框架（Ministry of Defense Architecutre Framework，MoDAF）小组，制定英国国防部体系结构框架，1.0 版已于 2005 年 8 月通过项目评审委员会的评审正式发布。该体系结构框架借鉴了美军《国防部体系结构框架》的主要成果，增加了战略能力视图（6 个）和采办视图（2 个），并对作战视图、系统视图和技术视图作了 6 处修改。2008 年 9 月公布了英国国防部体系结构框架 MoDAF 1.2，该结构是在 DoDAF 1.0 的基础上，为满足英国网络化作战能力发展需要而开发的。MoDAF 1.2 定义了一个标准视角集，包含 7 类视角，其中面向服务的视角（Service - Oriented Viewpoints，SOVs）包括一组定义服务的视图，用于开发面向服务的体系结构。

北约秉承美国、英国的做法，开展体系结构技术研究。以美国国防部体系结构框为参考，于 2003 年 10 月开始实施 C3 系统体系结构框架，该框架提供了描述和开发体系结构所需要的规范和模板，确保各同盟国在理解、比较和整合体系结构是采用同样的原则，是北约强制要求 C3 系统执行的体系结构框架。主要包括三方面的内容:定义了顶层体系结构(OA)、参考体系结构(RA)和目标体系结构(TA)三类体系结构，每类体系结构都在用作战、系统和技术三种视图;制定了技术体系结构，用于补充和完善 C3(Command，Control，Communication)系统体系结构框架;规定了在 C3 系统全寿命周期的不同阶段制定相关参考体系结构和目标体系结构，以保证系统间的互操作。2007 年出台了《北约体系结构框架》3.0 版,3.0 版以各国的成功案例为基础，吸纳了面向服务体系结构的概念以支持体系结构的建设，增加了面向服务视图(NSOV)，用于确定服务、描述服务和协调运用一组服务;并将其体系结构设计方法的应用范围从 C3 领域扩展到所有领域，推动体系结构技术方法理论研究的不断深入。

但是在构建体系结构时，并非要建立所有的视图模型，而是根据需要进行选择。如谢志航等人的论文列出了 DoDAF 1.0 版颁布执行期间，国防部联合能力集成与开发系统(Joint Capability Integrate and Develepmemt System,JCIDS)各个阶段需要应用的体系结构产品一览表(表 1 - 1),表 1 - 1 体系结构产品中应用率极高的视图约占 50%。

表 1 - 1　JCIDS 各个阶段需要应用的体系结构产品一览表

视图名称	代号	JCIDS 分析中使用的体系结构产品	开发 ICD、CCD、CPD、CRD 使用的体系结构产品	备选方案分析时使用的体系结构产品
全视图	AV - 1	●	●	●
	AV - 2	●	●	●
作战视图	OV - 1	●	●	●
	OV - 2	●	●	●
	OV - 3	◎	●	◎
	OV - 4	◎		
	OV - 5	●	●	●
	OV - 6	●	●	●
	OV - 7			
系统视图	SV - 1	●	●	●
	SV - 2		◎	
	SV - 3		◎	

15

视图名称	代号	JCIDS 分析中使用的体系结构产品	开发 ICD、CCD、CPD、CRD 使用的体系结构产品	备选方案分析时使用的体系结构产品
系统视图	SV－4	◎	●	●
	SV－5	●	●	●
	SV－6		●	
	SV－7		◎	
	SV－8		◎	
	SV－9		◎	
	SV－10		●	
	SV－11		●	
技术视图	TV－1	◎	●	◎
	TV－2		◎	◎

注：● 代表该体系结构产品应用率极高；◎ 代表该体系结构产品经常使用或有时使用

ICD：Initial Capability Document，初始能力文件

CDD：Capability Develevment Document，能力发展文件

CPD：Capability Produce Document，能力生产文件

CRD：Combined－modification Recommend Document，联合变更建议文件

另外，即便是各国都在其体系结构框架中增加了面向服务视图，但是目前尚未见详细解释新增加的服务视图与其他视图关系的研究成果。综上所述，对于天基信息服务体系的设计，美军的体系结构框架设计的视图方法是重要的参考依据，同时也要结合面向服务体系设计方法，针对天基信息系统及其应用的特点进行综合分析，选择合适的方法和途径进行设计。

1.2.3　面向服务体系的军事应用

自面向服务概念被提出后，迅速在各领域得到了广泛的应用，在民用方面研究较为深入的是图书情报信息的共享服务体系，在军事上比较典型的是美军战术航天器指挥服务体系（Tactical Spacecraft Commanding Service Architecture，TSCSA）和地理空间信息 GEOINT 3.0。

1. 美军战术航天器指挥服务体系 TSCSA

战术航天器指挥服务体系 TSCSA 是美军针对快速响应空间任务，正在研制、演示和验证的指挥与控制系统的一个组成部分，主要是面向作战指挥人员，基于符合 Web 服务规范的分布式、半自动任务规划框架概念所开发的一种全新的战术空间资源访问接入、任务分派和接收信息的平台。战术航天器指挥服务

体系是一个典型的面向服务体系结构(图1-5),在这个服务体系中,一个或多个地面作战指挥人员通过 Ad Hoc 网络连接在一起,作战指挥人员通过战术航天器服务软件,进行请求和获取天基信息,支持战术空间资源访问接入、任务分派和接收信息。它主要完成三类功能:①为作战指挥人员快速响应空间航天器传感器资源的共享服务,通过标准的 Web 服务体系来利用空间资源;②地面作战人员可通过访问该平台获取地面作战行动(如侦察监视、任务规划、指挥控制等)的相关信息;③TSCSA 具有多级体系结构,能够满足不同作战层次人员的需求,作战人员通过访问该体系结构的相关层次,能够迅速获取所需信息(如卫星图像信息、相关情报信息等)。

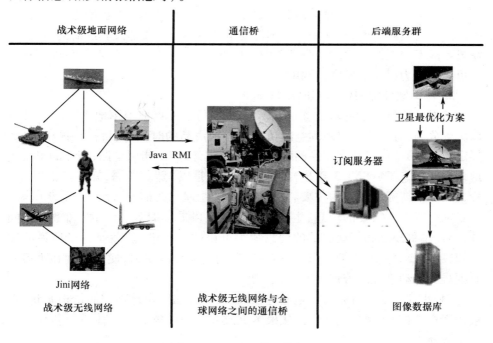

图1-5 TSCSA 体系结构图

TSCSA 主要由三部分组成:战术级地面作战单元网络、通信桥和后端服务群。战术级地面作战单元网络是 TSCSA 的服务对象,它通过应用界面向 TSCSA 提出各种作战需求,地面用户利用移动 Ad Hoc 网络直接连接至通信桥,并通过应用界面获取当前信息。通信桥是地面用户单元与后端服务群之间的连接装置,地面用户单元通过通信桥向后端服务群提出作战需求,后端服务群通过通信桥向地面作战单元输送结果数据与图像。通信桥接收来自作战指挥人员的任务请求,将其发送至任务选定的全球信息栅格上的 Web 服务器节点,每个 Web 服

17

务节点代表不同的订阅服务器。对于不能立即满足的作战需求,通信桥会对提出需求的地面用户单元的状态进行标记和监控,同时跟踪所有的通信信息。后端服务群由多个子系统组成,包括订阅服务器、图像数据库、卫星作战中心和空间战术资源(包括航天器、邻近空间飞行器等)等,是结果和数据的提供方。其中,订阅服务器跟踪和处理作战指挥人员传来的各种请求,在当前数据库中数据能够满足需求的情况下,响应用户请求,否则将用户请求传递给作战中心或其他图像数据服务器,以获得相关图像数据;图像数据库存储先前获取的图像数据,并及时更新;卫星作战中心接口允许利用空间资源实现图像数据获取。

基于这样的一个体系结构,用户通过用户终端的应用界面便可以提出请求并获取结果信息,后端的航天器等资源的能力以服务的形式提供给用户,二者之间的关系是松耦合的,地面用户并不需要掌握每一个航天器及其载荷的能力,只需要在战术卫星的能力和命令字典的支持下,通过菜单进行访问,并可以了解当前可用的能力以及如何进行调用。

2. 美军地理空间信息 GEOINT 3.0

美军地理空间信息基金会主席基思·J. 马斯贝克把美军地理空间信息发展历史分为三代:第一代地理空间信息是模拟产品的时代,其目标是描绘地球、标定位置;第二代是数字产品的时代,目标是描绘地球、指引道路;现在的第三代地理空间信息 GEOINT 3.0 是智慧产品时代,是以"随获所需,知所进退"为目标,以敏捷、智能的服务为主要特点的新一代地理空间信息系统。"随获所需"就是随时获取所需要的信息,主要解决信息提供的实时性、可用性和敏捷性问题,使得军事规划和行动需求的信息唾手可得;"知所进退"就是孙子所说的知己知彼,主要聚焦于决策知识的获取、信息的关联和洞察力,使指挥官和决策者对困难和行动进程洞若观火、了然于胸。

GEOINT 3.0 的首要目标是通过在线、按需访问国家地理空间情报知识,直接让用户掌控 GEOINT 的能力,从根本上改变用户的体验。具体措施包括以下几个方面:

(1) 对于地理空间数据,国家地理情报局(NGA)将通过移动设备(智能手机、iPad 等)或者其他合适的方式,把 GEOINT 能力直接交到用户手中。用户可以结合动态内容和服务,当需要的时候,在线、按需访问全球无缝的基础数据、影像、产品和事件。

(2) 对于复杂的 GIS 地理信息处理功能,NGA 将用户提供执行任务所需要的直观而强大的应用程序,即时创建各类应用程序。

(3) 为授权用户提供在线的"自助服务",就像日常生活中使用电子商务网站那样,允许其使用国家地理情报局的 GEOINT 的数据、信息和应用程序。

（4）提供方便发现和获取国家地理情报局的 GEOINT 产品及服务方法,结合国家地理情报的动态分层内容,能够方便地获取新产品、新分析和新服务或提出新要求,同时为用户提供将其分析或生成的产品回馈全球 GEOINT 成员的途径。

（5）为国际地理情报的合作伙伴提供"寻找专家"的能力,以回答他们的问题、需求合作产品或要求更多的服务。GEOINT 3.0 的第二个目标是通过扩宽和加深专业技术分析来创造新价值。这就要求地理空间情报不仅要描述事件的地点、对象、时间和数量,而且还要涉及可能性、趋势、影响和背景,并且还要预测会发生什么,将会在哪里发生,为什么会发生。为决策者、作战人员、情报机构等各类用户创造新的价值,为决策者做出更广泛更全面的决策赢得宝贵时间。

GEOINT Online 3.0(地理空间信息在线)是 GEOINT 3.0 的实际运行与具体体现,将美军地理信息系统、软件、服务、数据、人员等形成一个虚拟统一的栅格系统,完成了美军地理空间信息与产品分发的一站式服务,提供地理空间信息内容、服务、专业技术和保障的按需发现与访问手段,为美军用户提供搜索和发现大范围地理空间信息存储的能力,包括与军队外部资源、地图应用的超链接,特别是通过建立用户社区空间,达到用户之间服务协同与信息共享的能力。GEOINT Online 3.0 的出现,将使美军地理空间情报进入新的时代。

美军的典型军事应用实践证明了面向服务体系在解决军事领域问题的先进性和实用性,为天基信息服务体系的构建和作战应用研究提供了参考。

1.3 体系结构验证与评价方法

1.3.1 体系结构验证方法

体系结构验证的主要任务是检查体系结构设计的正确性,确定体系结构描述是否符合系统的功能需求和性能需求。体系结构验证方法用于检查体系结构设计的正确性和合理性,通过评估体系结构中的逻辑结构、系统性能以及整体效能来确定体系结构描述是否满足功能需求以及满足需求的程度。

1. 体系结构验证内容

体系结构验证包括的范围很广泛,综合目前对体系结构验证的相关研究,主要包括以下几个方面:

1）数据完备性验证

体系结构的数据完备性验证就是验证体系结构设计数据以及属性在种类和数量上能否满足描述体系结构的要求,是否缺少描述和构建体系结构所需的相关数据。

最一般的数据完备性验证方法就是人工评审,即专家依据自己的知识和经验,采用阅读的方法检查体系结构的设计。这种方法虽然比较常用,可用于验证的各个层次,但主观性比较强,当体系结构设计比较复杂时,该方法有很大的局限性。CADM(Core Architecture Data Model)是美军提出的核心体系结构数据模型,其中详细描述各类数据、属性以及数据之间的关系。作为一种数据规范,CADM 可以用于体系结构数据完备性检查。

2)数据一致性验证

与软件体系结构中的数据模型一致性问题不同,C^4ISR 体系结构的数据一致性验证是判断分布在不同体系结构产品中的相同数据是否存在冲突或矛盾的现象。

目前数据一致性验证的方法主要是基于矩阵的方法。该方法主要用于验证系统结构之间的可达性,其基本思路是利用邻接矩阵描述系统组成单元之间的相互关系,然后通过 Warshall 算法求出系统的可达性矩阵,由此分析系统单元的相通性,该方法也同样适用于验证系统状态之间的可达性。这种方法的缺点是邻接矩阵法只是限于描述系统单元之间一对一的关系,当两个或多个单元共同地、不可分离地作用于另一个单元时,不能简单地用邻接矩阵描述表示。并且该方法仅用于验证在不同层次具有引用关系的静态结构产品,主要是作战节点连接能力（OV－2）、作战活动模型（OV－5）、系统接口描述（SV－1）以及系统功能描述（SV－4）。

3)结构合理性验证

结构合理性验证主要验证体系结构在设计上的复杂程度。体系结构的复杂程度决定了它所对应的系统的复杂程度,在完成相同功能条件下,体系结构越复杂,系统所需的开发成本就越高,带来的开发风险也越大。

目前结构合理性验证的方法主要有基于信息熵的验证方法以及基于耦合率、内聚率和复杂率的验证方法。这两种方法都是先建立判断结构合理性或复杂程度的评价指标,然后将体系结构元素用某种形式化的符号表示,再建立各种判断模型,通过计算机程序算法来计算体系结构产品对合理性评价指标的满足程度。

4)逻辑(行为)合理性验证

体系结构的逻辑合理性验证就是验证体系结构的产品数据是否满足一定的逻辑关系,在逻辑上是否正确,且该逻辑是否符合设计者和用户的要求。

对于逻辑合理性目前主要采用由乔治·梅森大学系统体系结构实验室提出的可执行验证法。其基本思路是以某个体系结构产品为基础,转换为某种可执行模型(如有色 Petri 网、增强型功能流框图等),添加某些信息后,运行该可执行模型,验证体系结构描述中的行为是否按预期的顺序执行,是否有逻辑冲突,能否达到预期的效果,另外,还可以通过模型运行收集数据,对体系结构的部分性能参数进行评价。

2. 可执行验证法

可执行验证法是由乔治·梅森大学系统体系结构实验室首先提出的,该方法主要用于验证体系结构的逻辑性、合理性等动态特性,即侧重于体系结构验证的语义和语用层次。

可执行体系结构可以对体系结构的执行结果进行分析,分析的内容主要包括以下几个方面:

1) 确认关键环节

通过对活动利用率的统计分析,那些利用率相对较高的活动可以被确认为体系结构的关键环节。通过不断地执行确认整个作战过程中的关键环节,可以提示决策层在体系建设中予以特别关注,并且可以通过对关键环节的设置进行调整达到体系结构的优化。

2) 资源相关分析

资源相关分析主要通过分析资源的忙闲状态来评估其利用率,尤其是关键资源的利用情况,通过资源利用率判断该资源是否为一个瓶颈或是否为空闲,进而对体系建设和作战应用提出建议,如那些非常繁忙的资源,对整个战局有决定性的影响等;而对于那些比较空闲的资源,不能投资太大等。另外,还可以分析确定资源的业务费用,即确定资源在执行任务时,需要耗费的费用。

3) 时间相关分析

时间相关分析包括完成一个活动或一组活动花费的时间,以及从一个节点到另一个节点传递信息的时间。时间相关分析主要通过延时分析进行,延时分析可以通过对活动的执行时间进行统计分析,确定较繁忙的活动以及对资源的要求,另外还须建立活动之间的依赖关系,确定一个活动对另一个或多个活动的依赖,进而分析延时的原因。在具体的业务活动或过程中,延时可能由资源瓶颈或冲突造成,如人力或系统资源太繁忙而造成不确定的延时,而信息传递所产生的延时可能是由于活动相互依赖而造成的,如某个活动的执行需要另一个活动执行完毕之后才能执行,而该活动的执行需要一段较长的时间,这样就会导致信息传递的不确定性延时。

4) 定量的辅助决策

在作战体系结构执行时,不同的输入方案会产生不同的输出结果,这反映了作战投入兵力与作战结果的映射关系,如果改变作战投入以及作战过程的时序,必然会得到另外一个作战结果,这就为不同方案对整个作战过程以及执行结果影响的对比分析提供了支持,这有助于通过设计不同的方案,利用仿真结果进行定量决策,而这一定量的决策是静态的体系结构无法实现的。

体系结构可执行验证法主要有以下几种思路:

一是将体系结构静态产品转化为 Petri 网可执行模型,进行逻辑的和行为的合理性验证;

二是基于 UML 的体系结构描述,利用 UML 的类图、活动图、协作图来组合构建 CPN 可执行模型;

三是利用 Statechart 图来进行作战状态转移描述和系统状态转移描述;

四是 Telelogic 公司 TAU G2 软件所采用的思路,即通过将不同作战节点的状态图进行连接,根据不同的想定将其以时序图的方式进行执行,验证作战节点状态图的逻辑性;

五是 Telelogic 公司 System Architect 软件所采用的思路,即利用基于 IDEF3 Process Flow Diagram 模型的仿真器来编辑和运行作战规则模型,验证作战规则的逻辑性和合理性。

1.3.2　体系结构能力评价方法

天基信息服务能力的评价属于非直接杀伤性武器系统的效能评估。效能评估的方法多种多样,按其采用的方法和手段主要有统计法、解析法、计算机模拟法、专家评定法、多指标综合评价法等。学术界一般是这样定义评价的,它是指"根据确定的目的来测定对象系统的属性并将这种属性变为客观定量的价值或者主观效用的行为"。

1) 统计法

统计法是应用数理统计方法,依据实践、演习、试验等途径获取大量统计资料来评估系统效能。此方法评估的结果较准确,但所需要的大量数据通常很难获得,而且耗费大、耗时长,所以其应用受到一定的限制。

2) 解析法

解析法根据所描述的系统效能指标与给定条件之间函数关系的解析表达式来计算系统效能值,即通过数学方法求解建立的效能方程。解析法的特点是公式透明性好,易于理解,计算简单,因此其应用较为广泛。解沂法又可分为 A·D·C法、统计能量分析法、结构评估方法、经验假设法、量化标尺法、阶段概率法、程度分析法、模糊评估法和信息熵评估法等九种。其中,A·D·C 法是应用较多的一种评估模型。

A·D·C 法是美国工业界武器系统效能咨询委员会 1965 年提出的效能模

型。其具体模型为 E = A · D · C,其中,A(Availability)是系统的有效性向量,表示系统开始执行任务瞬间处于不同状态的概率;D(Dependability)是可靠性矩阵;C(Capability)是系统的能力矩阵。该模型中,能力矩阵是系统性能的集中体现,也是求解效能的关键所在。该方法比较全面地反映了系统状态及随时间变化的多项指标在系统使用过程中的动态变化与综合应用,从而比较适合复杂的大型系统的效能评估。

3）计算机仿真法

计算机仿真法实质是以计算机仿真模型来进行任务仿真实验,由实验得到的有关任务进程和结果的数据,可直接或通过统计处理后给出效能指标评估值。计算机仿真对于系统效能评估具有不可替代的重要作用,特别适合于进行任务方案效能指标的预测评估。

4）专家评定法

专家评定法也称专家咨询法,它是依靠专家的知识和经验,在掌握了一定的客观情况和实际资料的基础上,对咨询项目做出评价的方法。此方法的主观性较强,不同的专家,对同一系统有不同的理解、不同的评价尺度,同时专家的选定也较困难。

5）多指标综合评定法

此方法主要适用于某些复杂的系统,其效能呈现出较为复杂的层次结构,有些较高层次的效能指标与其下层指标之间有相互影响,但无法确定函数关系,这时只有通过对其下层指标进行综合才能得到上层的效能度量。

以上方法各有优缺点,用一种方法很难得到一个系统较准确可用的能力度量,在实际体系能力评估中通常结合多种方法一起使用。

1.3.3　体系结构描述与仿真工具

体系结构描述工具为体系结构设计方法和体系结构数据的维护管理提供了自动或半自动的软件支撑环境,能有效地提高设计者的工作效率。目前,比较先进的体系结构描述工具有 Ptech 公司的 Framework 工具,Telelogic 公司的软件 System Architect(SA)、Tau G2,Vitech 公司的软件 Core 和 Logicon 公司的 JCAPS 等,其中 SA 软件的应用最为广泛。

System Architect 软件是一款综合多种建模方法的工具,能够支持基于活动的设计方法,集成了业务流程建模、对象建模、数据建模以及业务流程仿真等多种功能,为创建体系架构提供了一种综合性的解决方案。包括以下主要功能模块:

（1）System Architect。基本功能模块,支持业务流程建模、对象建模、数据建模及结构化分析等方法,支持 UML、IDEF 等标准,能进行业务流程的规划、建模和执行,可用于管理企业系统架构的框架(Zachman、DoDAF、DoDAF ABM、TO-GAF)。

（2）SA for DoDAF。支持 DoDAF 体系结构框架,完全支持作战视图、系统视图和技术视图的建模。

（3）SA for DoDAF ABM。支持运用基于活动的方法进行 DoDAF 产品开发,为开发 DoDAF 产品提供流程指南。

（4）SA Information Web Publisher™。以网页的形式发布存储在 SA 资料库中的模型和数据,简化用户在不同应用系统和流程之间的转换过程,方便查看资料库中的复杂模型。

（5）SA Compare。对同一项目的不同架构模型通过生成 XML 文档进行数据元素比较。

（6）SA Simulator Ⅱ。流程仿真工具,支持用户建立动态运行流程模型,用图表形式显示仿真结果。用条形图显示利用率水平、流程内各活动的等待时间,发现体系的瓶颈和弱点;用饼图和电子表显示成本信息。全面集成 MS Excel,读取从 SA Simulator Ⅱ 导出的信息。

（7）XML Architect。图形化的 XML 模式编辑器,实现组织机构中电子数据的交换,使相关人员更好地沟通和理解,还支持产生和逆向导入 XML 模式。

通过以上对 SA 的主要功能介绍可以看出,该软件作为一个体系分析、评价与论证工具,集成了 ABM 方法和流程仿真方法,在体系结构建模过程中,使用数据库管理所有模型,并且统一体系结构产品,支持信息和数据的重用性和一致性,模型开发效率高,可修改性强。

第2章 天基信息服务体系框架

体系结构确定了指导系统实现与发展的系统组成以及组成之间的相互关系,是天基信息服务体系构建的蓝图和指南,搞好体系结构设计,具有重要而深远的意义。进行天基信息服务体系框架设计的主要任务是以先进的面向服务理念为指导,针对未来作战对天基信息的需求,构建天基信息服务体系框架,整合天基信息资源,促进资源共享和协同,加快由信息优势向作战优势的转化,从结构上解决天基信息服务作战问题。

2.1 天基信息服务与天基信息服务体系

服务作为一个常见的概念,《辞海》对其解释为"为集体或别人工作",在不同的行业、不同的领域,服务被赋予了特殊的内涵。信息服务在《中国人民解放军军语》中被定义为"为用户提供信息接收、处理、查询、传递、存储、检索、分发等活动的统称"。在面向服务体系结构(Service – Oriented Architecture,SOA)这一特定语境中,服务被理解为把需求和能力结合到一起的一种机制。结构化信息标准推进组织(Organization for the Advancement of Structured Information Standard,OASIS)将服务定义为"调和用户需要与提供商能力的手段,是某种自足的业务功能的 IT 实现。技术上,一个服务是对一个或多个使用消息在供应者和消费者之间交换数据的操作的描述,……通过定义良好的标准接口,它接受一个或多个请求,返回一个或多个应答。"万维网联盟组织(World – Wide Web Consortium,W3C)将服务定义为:"从服务提供者和服务使用者的角度来看,服务是由不同的服务提供者面向服务使用者提供的一组遵循标准定义的操作。服务提供者完成一组工作,为服务使用者交付所需的最终结果。这通常会造成使用者的状态发生变化,但也可能使提供者的状态发生变化,或者双方都产生变化。"也有学者将服务定义为:是供一个组件执行的定义良好的工作单元,并包装成易被访问的格式。其思想是,只实现功能一次,把它彻底地做好,然后使它可被广泛地访问。这些定义结合面向服务思想,从技术和过程上对服务进行了定义,为服务的设计和实现提供了依据。

体系是指"若干事物互相联系互相制约而构成的一个整体"(《辞海》)。面向服务体系也称为面向服务架构,于20世纪90年代末由美国的IT研究资咨询公司Gartner提出,至今已经有十余年的发展历程,目前尚未有一个统一的、业界广泛接受的定义。军事领域,美军在未来联合指挥信息系统项目中对SOA做了如此描述:"共同定义体系结构的一组原则,这个体系结构是松耦合的并且由服务提供者和服务使用者构成,它们按照某种已协商的契约或接口交互,交互要产生明确的结果。"商业领域,对面向服务体系的定义有很多,但基本上可以分成两类:一类认为SOA是一种将信息系统模块化为服务的体系结构风格;一类认为SOA是包含环境、编程模型、体系结构风格和相关方法论等在内的一整套新的分布式软件系统构造方法和环境,涵盖服务的整个生命周期。由此可见,面向服务体系是在特定环境下的一种体系结构模式,是一种理念,是人们面向应用服务的解决方案框架。具体来讲,面向服务体系是以网络为中心,将服务作为最核心的抽象手段,将人、过程、应用和数据全面整合,将分布、异构的服务资源全面整合,实现异构系统和数据的集成和共享的一个松散耦合的体系结构模式。

综合以上相关概念的释义,对天基信息服务和天基信息服务体系作出定义。天基信息服务是以天基信息系统作为服务提供者,使用户能够获取和使用天基信息系统所提供的信息获取、接收、处理、查询、传递、存储、检索、分发等活动的统称。也就是说,天基信息系统作为一个天地一体化系统,它所拥有的各类功能都可作为服务提供给用户,服务的形式和内容是多样的,不仅仅限于提供情报信息服务,还提供接收、处理和分发等服务。天基信息服务体系是采用面向服务的架构形式和相关技术,将天基信息系统、指挥控制系统的各类能力以服务的形式封装,各类服务之间相互关联、相互制约,形成一个松散耦合的开放式结构,目的是整合天基信息系统资源,实现天基信息服务共享与协同。

从上述定义可以看出,天基信息服务体系的研究对象是天基信息系统和指挥控制系统,所采用的体系结构形式是面向服务的体系结构,基本组成单元是服务,研究目的是实现天基信息服务资源的整合,满足未来作战对天基信息服务的需求。

2.2　天基信息服务体系需求分析

2.2.1　天基信息系统现状与建设目标

经过几十年的建设和发展,我国已初步建立了以部门专业应用为主要目标的天基信息获取、处理和应用体系,积累了海量的信息资源,分布于不同的地区,分别隶属于不同管理机构,格式异构,共享困难,利用率很低;信息处理和分析的算法、软件和计算资源有了一定的积累,但也同样分别隶属于不同部门和地区,而且开发平台各异,外部接口缺少统一的规范,用户即便可以获得天基信息系统获取的信息,也会因为缺少相应的信息处理算法、软件和高性能计算资源而难以使信息得到一致的理解和高效的应用;按现有职能分工和编制体制卫星系统进行管理,导致现有各类卫星管理控制系统之间缺乏统一设计,任务接口和数据类型及格式都存在较大差异,并且现有各类卫星地面系统之间没有通信链路,各部门之间协同困难;军兵种用户,尤其是位于战术层面的较低层用户,只能通过复杂的信息传递流程,间接地、被动地接收上级或友邻传递的天基信息,信息的时效性和关联性大打折扣。

为此,需要新的方法和技术来统一组织、管理、访问、共享、整合和分析分布式的天基信息和功能,建立统一、高效、按需服务的协同天基信息应用环境,实现多层次、高性能的天基信息分析处理与应用服务,大大提高信息质量并降低成本,从而促成海量分布的天基数据和信息能够更有针对性地被用户有效共享和应用。采用 SOA 的技术方法和管理手段,构建天基信息服务体系,将从结构上全面解决上述问题(图 2 – 1),使系统能够提供灵活、安全、高效、透明、一致的天基信息服务、管理和协同能力。

天基信息服务体系的总体建设目标如下:

1)实现天基信息服务资源的整合,充分发挥天基信息系统的整体优势

困扰和影响天基信息系统能力发挥的最大原因就是按职能划分的烟囱式的卫星资源管理和应用,卫星系统之间缺少统一的规划和参照标准,系统之间不能互通互联。面对广域分布、复杂异构、功能多样的天基信息资源,天基信息服务体系不仅要通过天地一体化网络将天基信息系统中的各种资源实现无缝链接,消除信息孤岛,还要充分利用面向服务体系对异构系统集成的优势,整合各类异构资源,发挥天基信息系统整体优势,为用户提供增值服务。

2)实现跨管理域的服务资源按需共享与协同,提高天基信息服务效率

随着天基信息系统的快速发展,系统所能提供的服务能力也将会不断增长,在不改变现有体制的情况下,通过服务封装的方式,把分散在不同地理位置的天基信息资源映射成一个具有标准接口的服务集合,屏蔽底层资源的分布性和异构性,并通过服务的发布、订购、访问等,实现各种服务资源的按需共享;通过流程管理、服务组合、应用模式等多种方式,使用户按照自己需要获得权限内的一类或多类服务资源,实现跨管理域的服务资源共享与协同。

3)增强系统的动态性和开放性,实现天基信息服务资源的即插即用

天基信息服务体系要能提供统一的用户管理、界面管理、资源管理、流程管

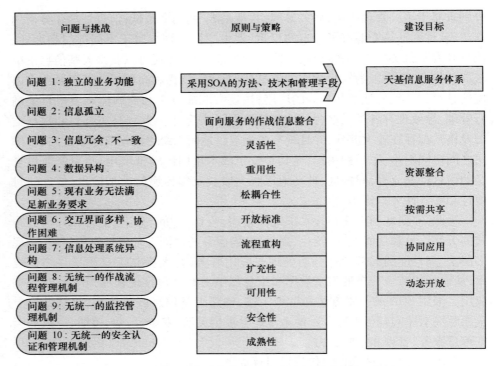

图 2-1　天基信息支持作战存在的问题及建设目标

理等,使用户方便地通过门户节点或终端请求、访问和应用权限内的服务,服务资源可以方便地接入、移出和应用,尤其是在对抗环境下,服务对象和服务资源均会随时发生毁伤、增补等变化,通过统一的界面标准、服务接口标准等,增强系统的动态性和开放性,服务资源可以即插即用,既充分利用现有资源,又适应未来资源和用户的动态变化。

2.2.2　天基信息服务体系的功能需求

天基信息服务体系的功能需求主要包括以下几个方面:

1) 互联与互通功能

这是天基信息服务体系最基本的也是最重要的功能,本书假设支持天基信息服务体系的天地一体化网络系统已经存在,实现了物理上的互通互联。一体化网络系统中,天基信息系统中的服务资源,如卫星、信息处理中心、指挥控制中心、数据存储与管理中心等,天基信息的用户,如海、陆、空、第二炮兵的指挥机构、武器平台等,都以网络节点的形式存在,实现物理上互通互联;海、陆、空、第二炮兵用户可以通过网络访问其权限范围天基信息数据库系统,也可以通过接

28

入一体化网络向天基信息系统提出信息支援需求和通信需求,而天基信息系统可以通过一体化网络完成对信息获取和处理资源的指挥控制,以及信息传输和分发等。

2）可扩展与可重构功能

天基信息服务体系应具有可扩展性、可重构性、可嵌入性等功能。也就是说,天基信息服务体系应支持天基信息服务资源(如卫星、信息处理中心等)、军兵种用户的增加和减少;可以根据作战需求和作战流程的不同,将系统所提供的各类服务(资源)按一定的规则进行组合和重构;系统不会因为部分分系统的损坏、干扰或中断而导致整个系统的瘫痪,系统具有一定的自主性,可根据作战需要,随时更换、加入、减少系统中的用户、部分卫星,而系统整体功能不会受到影响。

3）集成与协同功能

不同的天基信息作战应用涉及复杂的作战应用流程,需要调用不同的功能模块和系统软件,而现有的各种天基信息系统和软件由于数据结构、概念模型、软硬件环境等方面的原因构成了各种异质的应用环境。天基信息服务体系应将分布在广阔空间的指挥控制系统、天基信息获取系统、天基信息传输系统、通信系统、应用支持系统等有机结合,形成统一、高效的作战支援保障体系。它不仅具有各个分系统功能,更具有各分系统不具有的整体功能,这就是集成与协同功能,它可以将现有的和即将建设的各种信息分系统按照一定的作战规则和作战需求进行综合集成,可以实现多任务条件下,多平台、多传感器、多时间分辨率、多空间分辨率和多频谱分辨率的天基信息获取、处理和传输能力的有机聚合和高效协同。

4）管理与指控功能

天基信息服务体系可以对海、陆、空、第二炮兵的天基信息用户、天基信息资源等进行统一的管理,实现各类资源的监控与管理、指挥控制功能。天基信息服务体系应能够提供安全可靠的用户权限和资源管理,将用户和资源按照类型、优先级、区域、级别等进行分类管理;提供对用户请求的分析与评价、作战任务规划、作战指令的拟制与传输等功能。

5）安全保密功能

天基信息服务体系应具有身份认证、访问控制、保密等功能,要对用户资格、权限加以审查和限制,防止非法用户存取数据或合法用户越权存取数据,使天基信息可以被合法用户访问并按照要求的特性使用。

6）服务发布功能

提供不同层次天基信息服务及目录信息的发布功能,发布的内容和对象根据天基信息服务的保密等级、用户的需求、权限等具体情况确定,用户可以查询、存储权限内的天基信息服务;目录信息的内容略微广泛,对未授权查阅具体内容的服务,用户可向有相应权限的上级机关申请,上级机构根据用户等级酌情下传。

7)在线数据支持和功能支持

为通过身份认证的用户提供天基信息数据库连接、在线数据库访问、在线天基信息处理服务,这种服务使得用户不需要将天基信息服务资源本地化,只需要关心如何使用,而不需要关心如何管理天基信息数据库、如何维护和更新天基信息处理工具和软件等,服务对象主要是军兵种的指挥控制机构和武器平台等。

2.2.3 天基信息服务体系的非功能需求

非功能需求是指天基信息服务体系所达到的效果。非功能需求也被称为质量特性,它包含了天基信息服务体系为了达到一定的作战目的、满足一定的作战需求所必须满足的所有约束。在面向服务体系结构中,其非功能需求主要体现在对系统所提供服务的质量约束上。根据天基信息系统的功能特性,重点从信息服务质量(这里指各类情报数据信息的服务质量)和功能服务质量两个方面提出需求。

过去美军为了维持自己的信息优势提出"在任何时间、任何地点将情报信息实时地传送到任何用户手中",通过军事实践,他们意识到大量泛滥的信息涌向各级指挥员,会使指挥员陷入"淤泥"之中,将降低情报信息的综合效益,因此改变了观念,提出要"在正确的时间、正确的地点,将有用的情报信息送到适当的用户手中",后来在阿富汗战争中又加上了"将正确的武器对准正确的目标",这说明信息质量标准要与战场态势、作战任务、武器平台有机地结合起来。参考美军联合信息作战条令中对信息质量的定义,提出数据服务质量需求如下:

(1)信息的准确性:指要给用户获取和传输真实的信息。准确性是最根本的信息质量标准,信息必须准确无误,情报判断必须反映事实或事态的本来面目,并在此基础上对事态发展和敌方的行动方案做出尽可能准确的评估。

(2)信息的相关性:指信息与作战行动、作战任务的关联程度。信息必须与即将开始的作战行动的计划和实施密切相关,信息支援必须有助于增进指挥官对敌方的理解,必须有助于联合部队遂行作战任务。信息必须与其使用目的和使用方式相适应,不能因提供与现实任务毫不相干的情报信息而加重联合部队指挥官的负担。

(3)信息的时效性:指信息可以及时支持决策和作战行动。时效性是指信息在一定时期内能够发生效用的程度,又分为信息获取的时效、信息传输的时效、信息处理的时效以及信息使用的时效。信息的时效性因用户的不同和作战进程的推进而有不同要求。

（4）信息的可用性：指情报信息格式统一，便于理解和显示。信息获取和分析处理工作应以用户为中心，向联合部队指挥官提供的情报必须能够直接用于某种特定或一般目的，而无需另作分析或处理。

（5）信息的完整性：指信息应包含决策者所需全部数据。信息是由六要素构成的，即时间、地点、人物、事件、性质、可能的发展变化，其中缺少任一要素都是不完整的。完整的信息有利于指挥员了解整个战场态势，并依据形势，快速果断地定下决心。天基信息系统应在需要的时间和地点向需要的用户提供极可能详尽的情报，并尽可能圆满地回答指挥官关于敌方的所有疑问。完全获得所有信息是不可能的，但对完整性的追求是情报工作永无止境的目标。

（6）信息的安全性：必要之处需要适当保护的信息。要能够防止非法用户存取数据或合法用户越权存取数据；防止非法用户尤其对传输信息的截获、破译等。

对于功能服务质量，主要参考 ISO/IEC 9126 标准和 ISO/IEC 25000:2005 系列标准提出的软件服务指标，结合天基信息服务资源的特性，提出天基信息功能服务质量需求，见表 2 - 1。

表 2 - 1　天基信息功能服务质量需求

需求类型	需求描述
可用性	服务可供正常使用的概率
性能	可以用系统吞吐量和响应时间衡量
响应时间	该服务用来完成其任务所需要的时间
可伸缩性	既定时间间隔内吞吐量增长幅度
服务代价	平均每次服务完成所需要花费的代价
安全性	在质量方面，它提供保密性和不可抵赖性
可靠性	在一定时间内服务执行成功的比例

这些质量标准是天基信息系统支援联合作战行动应该达到的目标，也是判断天基信息服务体系能力的标准，只有达到这些标准，天基信息服务体系才能真正起到"兵力倍增器"的作用，才能真正帮助联合部队指挥官提高战场感知能力，更好地理解敌方的目标、能力和意图，从而做出正确的情报判断、制定并实施正确的作战方案、实现支援联合作战的目标。

2.3　天基信息服务体系框架设计原则

天基信息服务体系设计应遵循以下原则。

1）系统性原则

天基信息服务体系是由天基信息系统、指挥控制系统、信息处理和应用系统等组成的天地一体系统，进行结构设计时应系统考虑体系所涉及的各个组成部分及相互之间的关系，应把各组成部分联系在一起作为一个有机整体来考虑，强调各组成部分之间的一致性和协调性，便于以用户为中心协调各类服务进行高效服务。

2）开放性原则

天基信息服务体系是一个开放、动态的系统，在进行框架设计时，不仅要考虑系统的静态结构，还要考虑动态因素，如战场环境变化、服务资源和用户的变化等，有时针对不同的作战需求，还可能需要优化或重构作战流程，这些都要求系统满足有规模可缩放、流程可重构、平台可移植、功能可扩展、服务可定制、技术可更新等动态可变特性。

3）一致性原则

天基信息服务体系是一个复杂系统，其总体结构设计必须遵循一定的标准，这样才能确保各个组成系统的一致性，使整个系统互通互联。

4）简单性原则

天基信息服务体系将会成为一个面向全军不同类型、不同层次，具有不同需求用户的系统，这样就必须慎重考虑和小心应对天基信息服务体系发展过程中复杂性非线性增长的问题。保持设计的简单性是天基信息服务体系持续、稳定协调地向前发展的关键所在，应研究简单而合理的技术和方法，寻求简单而有效的措施和机制，尽可能将系统演进过程中复杂性的增长最大程度地限定在可以掌控的范围之中。

5）安全性原则

作为面向作战的天基信息服务体系，必须安全可信和可管理，保证系统的运行及信息的保密、传输和应用等方面的安全性要求，能够较好地建立、维护和约束用户之间、用户与系统之间的信任关系，提供全面、高效的用户管理、资源管理、系统管理和运行管理能力。

2.4　天基信息服务体系结构框架

面向服务的思想认为一切都是服务，天基系统获取的数据是服务，天基信息处理是服务，天基信息的接收与传输也是服务，这些服务都在统一的体系中按照用户的服务请求进行组合和再生产，从而满足不同用户的需求，产生更好的作战效果。下面分别从天基信息服务体系的总体结构、功能结构、逻辑结构、物理结构和数据结构五个方面开展研究,研究结果将为天基信息服务体系的实现提供指导。

2.4.1　总体结构

天基信息服务体系总体上讲是一个信息栅格的结构(图2-2),它可以通过天地一体网络把现有的和未来发展的计算资源、存储资源、通信资源、信息资源、知识资源、软件资源、指挥控制系统和武器系统等灵活地集成在一起,实现端到端的连接,提供全面资源共享和动态信息处理能力,提供遍布作战空间的端到端的信息互联能力,决策者和作战人员可以按需访问、处理、存储、分发和管理信息,保证用户在最短的延迟内准确地访问信息,向用户提供实现信息和决策优势的资源,实施高效的指挥控制。

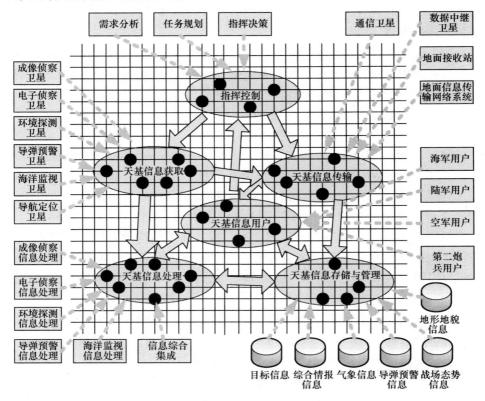

图2-2　天基信息服务体系总体结构

天基信息服务体系具有以下特点:

(1) 以网络为中心。天基信息服务体系中的服务分布于广域的天地一体网络之中,用户通过标准的接口对网络中的各类服务进行访问,实现了网络中资源的有机整合和透明访问,实现了信息的共享和协同;基于信息栅格的网络中心环境实现了用户、信息、应用和流程端到端的动态连接与整合,确保信息在"恰当的时间、恰当的地点将恰当的信息以恰当的形式送交给恰当的接收者"。

（2）以服务为基本。在面向服务体系中,服务作为最基本的单元,提供了服务提供者的语义特征、接口特征以及服务的各种非功能特征,通过标准协议和数据格式进行通信。天基信息服务体系中的服务要按照服务设计原则、采用一定的技术手段进行识别和封装,则抽象出的天基信息服务应有明确的接口、合适的粒度,可重用,满足服务之间松耦合特性。

（3）以任务为驱动。天基信息服务体系是以任务为驱动的,对于不同的作战任务,可以动态组织服务资源,按用户要求生产服务产品,并以用户要求的服务模式送达用户。

（4）灵活适应变化。天基信息服务体系可以在不改变服务接口的前提下,支持服务提供者和服务使用者的动态变化,能够动态地将各种服务按需组织在一起,可以灵活地适应战场环境的变化、用户及其需求的变化、各类资源的变化（战场损耗或应急补充）、作战流程的变化等,可以灵活适应不同作战样式的要求。

（5）集成和重用现有资源。面向服务体系结构的一个特点就是资源的可重用性。如前所述,经过几十年的建设,天基信息系统拥有了丰富的信息获取资源、信息处理资源、信息传输资源和数据信息资源等,这些资源由不同的组织机构建设和管理,子系统之间、资源之间开发语言不同、运行平台不同、存储和管理模式不同等,造成系统集成极为困难。面向服务体系结构为异构数据和系统的有机集成提供了可能,只需要对现有资源按照标准的服务接口进行封装和发布,就可以以服务的形式在天基信息服务体系中公布,按照合理的作战流程供合法（拥有权限的）用户利用。

（6）实现异构系统之间的互联和互操作。互操作性有两个方面:一是系统无关性,即资源和数据的共享与主机系统无关;二是位置无关性,指用户在访问其他系统的资源和数据时,不显示资源所在的位置（地址或名字）,如同访问单机上的资源一样,仅需指定要访问的资源。天基信息服务体系在构建时遵循面向服务体系的统一标准,系统要建立在大量的开放标准和协议之上,异构系统之间可以通过标准的接口来实现互联和互操作,并且各类系统的功能都通过服务形式提供给用户,只需要知道服务的接口,其他的应用程序或用户就能使用服务。

2.4.2 功能结构

天基信息服务体系的服务对象是不同军种、兵种的各级各类用户,主要任务是根据用户的需求,进行天基侦察、导航、定位、通信、气象、测绘等信息支援服务。根据天基信息系统的作战能力和作战任务,结合前面对天基信息服务体系的需求分析,可将天基信息服务体系的服务功能分为信息服务、指挥控制服务、交互服务、流程服务、管理与监控服务和安全服务六类。其中,信息服务主要完成天基信息的获取、处理、传输和存储管理功能,包括天基信息获取服务、天基信息分析与综合集成服务、天基信息存储与管理服务、时空基准服务、天基信息传输服务;指挥控制服务主要完成用户需求的收集与分析服务、作战任务规划服务等;交互服务用于支持用户和应用之间的数据和信息交互;作战流程服务主要完成将服务按一定流程组合的功能;管理与监控服务主要用于用户管理与监控、数据信息服务管理与监控、功能服务管理与监控和网络管理与监控等;安全服务主要用于系统安全有关的通信协议管理、安全认证、防病毒入侵和数据加解密等。

天基信息服务体系的功能结构如图 2-3 所示。

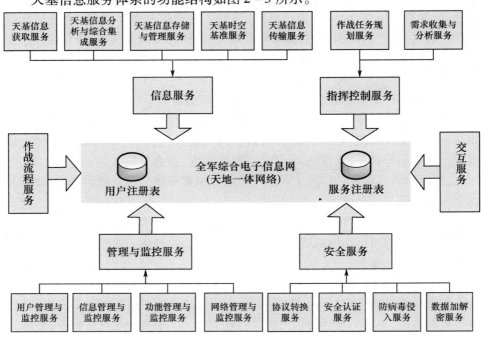

图 2-3 天基信息服务体系的功能结构

35

（1）天基信息获取服务：主要由搭载不同载荷的侦察卫星、气象卫星、测绘卫星等发现、识别和监视地面目标，获取目标和环境信息。天基信息获取服务能力主要由卫星的轨道特性和载荷性能两类主要因素决定，不同的轨道特性决定了信息获取的战场覆盖能力、信息获取的时间分辨率等，载荷性能则决定了信息获取的空间分辨率等，不同载荷的信息获取能力还有可能受天气、光照条件等自然环境以及伪装、电磁干扰等人工环境的影响。为了及时地获取完整可信的战场信息，一般需要多颗卫星协同完成信息获取任务。

（2）天基信息分析与综合集成服务：主要由不同功能和作用的信息分析与处理算法和软件系统完成，用于提供数据融合和综合集成分析处理算法（软件）支持，完成对多源侦察数据的收（搜）集、加工、存储、识别、提取和综合集成等功能，形成有效的目标指示和战场环境信息，为主战装备和各级指挥员提供对敌方目标和战场环境的规范、及时、完整和准确的理解。这类服务由一系列信息处理和综合集成算法软件组成，通过服务的封装获得标准的外部接口，满足不同的数据处理和情报分析需求。天基信息获取所得到的信息称为原始信息，提供天基信息服务体系中最基本的服务，但由于卫星载荷特性的不同，这些信息在形式和内容上均存在较大差异，如仅图像信息就因载荷特性的不同而分为可见光图像信息、红外图像信息、SAR 成像信息等，另外还有通信和电子信息、测量与特征信息等，数据信息来源不同，数据量非常庞大，数据间关系复杂，很难直接用于支持作战。同时，这些数据信息由不同的部门和单位拥有、存储和管理，数据格式、描述模型、管理平台等都不相同，很难形成对信息的一致理解，需要对卫星获取的原始信息进行分析和综合集成，以满足用户需求。

（3）天基信息存储与管理服务：主要为用户提供数据信息支持的各类服务，如在一定安全权限的约束下，对数据结构的可视性维护，数据的增加、删除、修改、查询、显示等，以及数据访问、转换、提取、过滤、综合等服务。

（4）天基时空基准服务：主要由导航定位卫星系统为用户提供标准的时间、频率和位置信息。导航卫星是为地面、海洋、空中和天基用户提供高精度、全天候、全球覆盖和三维定位连续导航信息的人造卫星。导航卫星能为全球任何地点或近地天基的用户提供连续的导航，并为各类用户提供三维位置、三维速度和精确的时间信息服务。

（5）天基信息传输服务：主要由通信卫星、数据与中继卫星为用户提供通信保障和情报信息的传输服务。主要包括：为固定式终端，提供远距离高频语音通信与数据通信，为装甲车、舰艇、飞机等移动式终端，提供机动通信服务；传递预警和判定信息，将来自多源/元数据情报，传送到情报处理中心，发出导弹袭击警报；保障指挥控制系统，地面机动部队和海军、空军作战力量，以及有关作战力量之间的通信联络;有效地把各种信息源、信息通道、信息接收者和信息使用者联结在天基信息网络中,实现了各部队之间的军事信息资源共享,保障不同规模、不同级别在作战时彼此协调配合、整体作战。卫星获取的信息通过中继卫星实现数据中继,加快信息传输速度,实现信息的实时传输。

(6) 交互服务:将适当的信息在适当的时间传递给适当的用户一直是军事信息系统追求的目标,而交互服务所完成的用户访问集成是实现这一目标的重要环节,它负责将天基信息服务体系中的信息传递给战场的各级各类用户,而不管它在哪里,以什么样的设备接入。交互服务用于支持应用和最终用户之间的交互,它提供运行时的交互框架,通过各种技术和支持,同样的交互逻辑可以以多种方式(如图形界面、语音等)在多种设备(计算机桌面、无线终端、PDA 等)上运行;提供运行时交互组件的管理,如安全配置、界面皮肤等;通过个性化服务、协作和单点登录等技术为用户提供多种形式的服务支持。

(7) 作战流程服务:服务只有当其在作战流程中被实际利用时才能有价值,作战流程用于描述包括各种形态的服务合成逻辑。一个完整的天基信息支持作战过程常常会跨越多个作战单元,需要多个服务资源的支持,这些服务资源需要按一定的规则进行组织,协同完成给定的作战任务。如天基信息获取的原始信息由于信息的类型和格式各异,并且在完整性和可靠性方面往往难以直接支持作战,需要进行处理和综合集成。这样的处理和集成需要按照一定的规则进行,在面向服务架构中,这样的规则是由流程服务实现的。作战流程描述了天基信息服务体系根据用户需求进行任务规划和组织服务资源、完成信息获取与综合集成处理的过程,明确了过程中各类作战活动之间的相互协作或信息传递关系。通过作战流程服务,可以将松耦合的服务根据作战流程,按照特定的顺序用一组特定的规则进行重用和组合,也可以用流程服务搭建一些新的作战应用流程,实现作战流程的优化和创新。

(8) 指挥控制服务:这是军事系统独有的一类服务,用于分析用户需求,进行作战任务规划和调度相关资源遂行作战任务等。2009 年美军参谋长联席会议正式颁布的条令文件(JP3 - 14)《空间作战条令》特别强调了空间力量协调的重要性,指定了空间协调机构/协调员作为沟通联合作战部队和空间力量联络的桥梁,全权负责协调空间资源的分配和使用。指挥控制服务就是由类似空间协调机构和空间作战指控机构共同完成的天基信息系统资源的分配和使用,主要包括需求收集与分析服务和任务规划服务两类。

(9) 管理与监控服务:主要是应用一些管理工具来监控用户、服务、流程、底层系统的健康状况、资源的可用性、损耗和瓶颈的鉴别、服务目标是否达到、管理策略的执行程度及故障的恢复等,从功能上可分为用户管理与监控、数据管理与监控、功能管理与监控和网络管理与监控等;从管理和监控对象上可分为两类:一类是面向软硬件管理等,包括对天基信息系统中的卫星、处理器、信息处理软件等的服务资源的管理,主要是用于集成实现天基信息系统所提供的各类服务资源的描述、发布、发现和组合等内容,并将它们进行整合与协调;一类是面向服务管理的,包括用于系统用户的认证和授权管理的安全和目录服务,以及操作系统和中间件管理,并通过企业服务总线和其他服务集成到一起,用于实现作战流程和服务的非功能性需求,如性能、可用性和安全等。

（10）安全服务:主要包括通信协议服务、安全认证服务、防病毒侵入服务、加解密服务等,用于保障服务资源、用户信息等的安全。

2.4.3 逻辑结构

面向服务体系为服务消费者和服务提供者之间建立了松耦合的关系,在天基信息服务体系中,服务消费者是全军的各级各类用户,他们通过服务代理查找所需要的服务,并根据服务描述与该服务进行绑定调用,获得所需的战场信息、数据传输链路或数据分析软件服务;服务提供者是天基信息系统中的各类卫星、信息处理中心等,它们接受指挥控制系统的指挥调度,根据用户请求提供信息传输链路,发布和推送战场信息和信息处理服务,供用户访问和使用;服务管理者为服务发布、发现和管理提供支持,为服务提供者和服务请求者分别提供相应的服务注册接口和服务查询接口,同时根据注册信息对服务进行分类管理。信息消费者和信息提供者以松耦合的方式关联,通过共享接口或协议来实现数据的共享,这样的好处是可以方便地添加和删除用户,也可以方便地添加和删除卫星、信息处理系统或软件等服务资源,而不会影响系统的整体运行。

图2-4为天基信息服务体系的总体逻辑结构,展示了服务消费者和服务提供者的松耦合关系。

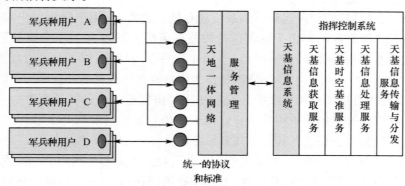

图2-4 天基信息服务体系总体逻辑结构

具体来讲,天基信息服务体系的基础是一个可以实现互联互通的天地一体网络系统,在这个对等网络上,各类资源作为网络节点接入网络,通过网络提供服务,各级用户也作为网络节点接入网络,通过网络获取各类服务。在这里,节点是一个逻辑概念,是表示产生、使用和处理数据的体系结构要素之一,可以表示位置、设备、系统、活动、组织或以上事物的合成。节点可以是一个作战系统中实际存在的站点,在此站点处理、形成或终止后续作战行动的要求;节点也可以是一个功能单元,如表示各级指挥机构、作战部队、作战人员、主战武器、作战单元等的作战节点和表示信息获取系统、信息传输系统、信息处理系统、信息应用系统、作战支援系统等的系统节点。

　　根据天基信息服务体系的特点和功能结构,可将天基信息服务体系的节点共分为五类:门户节点、数据服务节点、功能服务节点、指挥控制节点和管理与监控节点。各节点间的逻辑关系如图2-5所示。

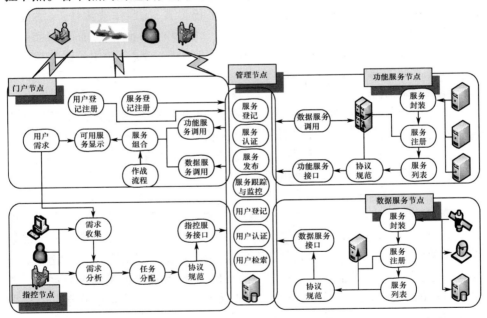

图2-5　天基信息服务体系节点间的逻辑关系

1. 门户节点

　　门户节点是整个系统向用户提供服务说明以及服务登记、注册、申请等服务门户,提供各类用户(包括接受服务的用户和提供服务的用户)与服务体系的接口,用户通过交互服务提供的用户界面进行登记、注册和撤销,接受服务,管理和控制节点根据用户注册信息完成对用户的确认、授权和管理,根据服务注册和变更信息完成对服务的管理;用户在此提交用户的情报请求,系统将用户请求传递给管理节点,由管理和控制节点根据用户权限调用、组合数据和功能服务,并将结果按用户要求的形式返回给用户或将请求转发给指挥控制节点。门户节点提供了一站式服务的用户界面和服务接口。

2. 数据服务节点

数据服务节点主要用于天基信息的管理并向其他节点提供情报信息服务。在天基信息服务体系中,服务是在不同用户之间实现信息按需共享的主要方式。采用服务建模技术将天基信息提供者所提供的信息资源按规定的标准和协议封装成标准的服务,并通过标准的接口进行共享,这样既解决了异构数据之间的融合问题,同样也较好地保护了数据的安全。

3. 功能服务节点

功能服务节点中包含了天基信息系统中的各类卫星、天基信息处理软件功能服务。这类节点既是服务消费者,又是服务提供者,按照作战流程,一方面它们接收数据信息,进行信息获取、加工处理和分析;另一方面,经它们获取和处理过的信息又以服务的形式封装和发布,用于其他用户(节点)使用。这些功能服务分布在不同的网络节点上,通过统一的规范和数据协议进行集成应用。

4. 指挥控制节点

指挥控制节点是一种特殊的管理节点,主要收集用户对天基信息系统需求信息支持任务请求,对用户请求进行综合分析和评价,进行用户请求优先级评价,进行天基信息服务资源规划和分配,动态地给卫星有效载荷分派任务,实施对在轨卫星设备的遥测、跟踪和指挥。

5. 管理与监控节点

管理与监控节点主要根据安全认证与管理机制完成服务管理、用户管理两类功能,是天基信息服务体系框架中的管理者。其中,服务管理功能主要完成对系统中的数据服务节点、功能服务节点等发布的服务进行注册、统一调配、组合和管理;用户管理功能主要完成对用户的身份、等级和需求的追踪等。每一个要接入网络的节点都必须向管理与监控节点进行注册,管理与监控节点可以有多个,根据不同的功能需求进行设置。

下面通过典型的天基信息支持作战应用实例来说明在实际执行过程中,天基信息服务体系中各类节点间的逻辑关系。图 2-6 是天基信息服务体系根据某作战用户请求实施天基信息支援任务的全过程,这个过程涉及了天基信息服务体系的所有五类节点,用于进一步说明天基信息服务体系中各节点的逻辑关系。

(1)用户接入门户节点,通过统一的用户界面提出天基信息请求,相应的管

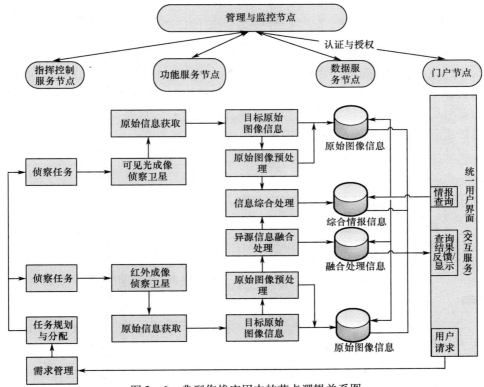

图 2-6 典型作战应用中的节点逻辑关系图

理与监控节点对用户身份进行认证,并授权用户访问相关的天基信息数据库。

（2）用户通过门户节点访问数据服务节点,查询权限内的天基信息数据库,若现有数据信息满足用户需求,则在用户界面上进行查询结果显示;否则,用户请求被传递给指挥控制节点。

（3）位于指挥控制节点的指挥控制单元根据用户身份等级信息和请求的区域、时间、重要性等内容,与其他用户请求一起进行综合分析和评价,确定请求优先级,然后根据天基信息服务资源的能力和状态,进行作战任务规划,分配目标侦察任务,生成侦察指令,并发送给位于功能服务节点的卫星系统。

（4）功能服务节点中接收到侦察指令的卫星根据侦察指令要求,按照一定的作战流程完成信息的获取、传输、处理和存储,并主动分发给相应的门户节点,满足用户需求。

（5）在对用户进行信息支援的全过程中,管理与监控节点实时对用户、服务和网络进行管理和监控,及时获取相关信息,为进一步提高服务效率提供数据支持。

2.4.4 物理结构

根据天基信息服务体系在不同层面的安全性要求,可将系统的物理结构分为用户层、隔离区、服务层和资源层,如图2-7所示。用户层针对不同的用户类型提供不同的接入渠道;隔离区内部用于实现网关安全服务及交互服务;服务层为各种服务及其运行环境,包括交互服务、流程服务、信息服务、指挥控制服务、管理服务等;资源层为系统后端的各种异构数据源和数据仓库等;系统管理与监控服务用于提供整体系统的平台配置管理和监控的服务。

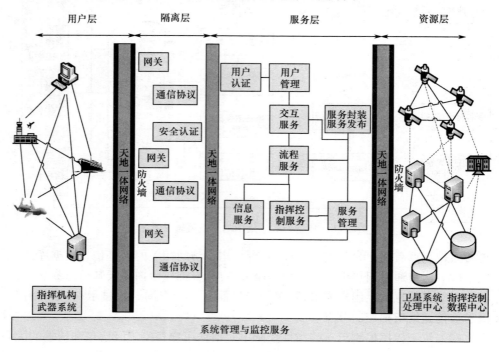

图2-7 天基信息服务体系物理结构

2.4.5 数据结构

天基信息服务体系是一个分布式的体系,其目的是更为方便、快捷地为各类用户提供信息服务,服务和服务对象的分布性使得数据对各个节点的分配成为影响系统效率的一个关键问题,要通过合理的数据存储和管理结构,尽可能地使更多的数据(服务)能够就地存放,以均衡数据服务节点的负载,减少远距离的数据访问,缩短服务时间,提高服务效率。但由于天基信息服务是面向全军各级

42

各类用户的,服务具有的全局性和全程性,用户的需求又具有多样性和多变性,不可能通过局部的访问就能生成满足用户需求的情报信息,这就对天基信息服务体系的数据存储和管理提出了更高的要求。

一般来讲,数据分布存储与管理的方式大致有三种:①划分式,按照数据的来源,将其分布在各个节点上,特点是分布方式简单,访问的局部性好,全局性能差,灵活性小;②全重复式,每个节点都存储全部数据的一个复本,特点是读事务简单开销小,更新事务复杂开销大;③部分重复式,这种方式介于前两种方式之间,有些数据分布在某一节点上,有些数据分布在多个节点上,特点是复杂性高,灵活性大,但要解决数据的一致性等问题。

对于天基信息服务体系,应结合作战特点,采用部分重复式的数据分布方式,以地理位置(战区)为主要分类方式,使各个节点存放本战区的各类情报信息;同时,根据信息特性或功能,使部分节点按信息的种类存放数据。这样,虽然数据有冗余,但保证了系统的可靠性和访问效率。

1. 按功能分配的数据管理与存储结构

从卫星的功能上分,可分为气象、侦察、通信、导航、预警、测绘等,但由于通信和导航卫星的信息实时性强,直接与各级用户相连,不需存储,所以天基信息按功能划分的数据管理与存储可包含以下内容:

(1)军事气象卫星数据管理与存储:短期、中长期的各地区的气象预报情况。

(2)成像侦察卫星数据管理与存储:收集并处理成像侦察卫星通过星载照相机、多光谱扫描仪、电视摄像机和成像雷达等侦察设备获取的地面目标信息,主要包括敌军的兵力部署、装备、军事基地、机场、海港、导弹基地、交通枢纽、城市设防、工业布局、工事障碍等。

(3)电子侦察卫星数据管理与存储:收集并处理电子侦察卫星通过星载侦察接收机侦收和截获雷达、侦收信号,从而测定的敌方反导弹雷达、防空雷达的位置、作用距离及信号特性(诸如工作频率、脉冲重复频率、波束宽度、天线扫描速率、功率等),敌方军用电台的位置和信号特性,军事通信中的重要情报、导弹试验时向基地发回的遥测信号等。

(4)海洋监视卫星数据管理与存储:舰船尺寸的情报,舰船上电子设备的情报,敌舰队形、航向和航速,探测水下潜航中的导弹核潜艇情况,低空飞行巡航导弹信息,相关海域的海洋特性。

(5)导弹预警卫星数据管理与存储:收集并处理预警卫星通过星载红外探测器和电视摄像机所获取的导弹的发射尾焰,计算其飞行方向、弹着点等。

(6)军事测绘卫星数据管理与存储:地理信息,如地形、地貌、河流、道路、桥梁等。

2. 按战区分布的数据管理与存储

战区指挥控制系统有联合作战指挥中心、战区军兵种作战指挥中心以及其军师级指挥所等。为配合指挥控制系统,在各个战区,除建立战区联合作战数据库外,各军兵种还应建立相应的信息中心,接收天基信息,并在相关基础数据库的基础上进行情报处理并下发给所辖战区或友邻。由于各军兵种作战有其自身特点,其对天基信息的需求也不尽相同,而联合作战中心,则是对这些数据的综合。因此,按战区和军兵种分布的数据库及其所包含信息如下:

(1)海军数据管理与存储:包括冰冻、洋流、风向、风力、水温、水深、相关海域、海岸和海底气象情况;敌方舰船尺寸,舰船上电子设备情况,敌舰队形、航向和航速,水下潜航中的导弹核潜艇情况,低空飞行巡航导弹信息等,海岸及海底地貌。

(2)空军数据管理与存储:包括机场上空的多层高空风、风速、云、雾、雨、能见度、日出日没时间等;目标信息、敌方兵力部署、防御系统信息,如防空雷达的位置、作用距离及信号特性等。

(3)陆军数据管理与存储:包括气温、风向风速,冰冻、雾雨雪电、日全食、月全食等,季节性水系、黑夜、河流水位、流速预报等;战区的地形、地貌,兵力部署,交通状况,工事部署等。

(4)第二炮兵数据管理与存储:雷电预报等;导弹预警信息、敌方重要军事目标的性质、位置,打击毁伤情况,敌反导系统的部署等。

(5)战区联合作战数据管理与存储:是保障该战区中各军种部队的战役战术行动(反飞机、反巡航导弹、反战术弹道导弹的综合防空、空中突击、海上作战、陆上作战、第二炮兵部队作战等)的实施所需天基信息的综合,包括整个战区的气象、侦察、预警等多个方面。

2.5　天基信息服务体系应遵循的相关标准

GB 2000.1—2002 对标准的定义是:为了在预定的领域内获得最佳秩序,在协调一致的基础上制定并由公认机构批准的、对一切活动或活动的结果规定普遍和重复使用的规则、导则或者特性值的文件。标准是通过规范、规程以及指导性技术文件等形式表现出来的,是技术产业化和社会化的基础。ISO/IEC 对标准化的定义是"为了在一定范围内获得最佳秩序,对实际的或潜在的问题制定共同的和重复使用的规则活动"。标准是标准化的重要依据,为实现天基信息服务体系的建设目标,了解现有的相关标准至关重要。

天基信息服务体系的标准是系统的重要组成部分,为系统研制建设提供支撑,通过建立数据、接口、服务和应用等方面的一系列标准规范,实现系统的标准化、通用化建设。现有天基信息服务体系相关的军用标准见表2-2。

表2-2 现有天基信息服务体系相关的军用标准

标准规范类型	规范的内容	应遵循的标准
信息数据规范	包含成像侦察数据、电子侦察数据、各类情报成果的技术规格要求和定义;情报产品分类、分级、数据内容和数据格式等;定义存储各类数据产品数据格式的内容和组织结构;定义描述产品所需要的元数据内容和结构	GJB 6577—2008 星载合成孔径雷达数据产品分类要求 GJB 5074—2004 传输型CCD可见光照相侦察卫星0~3级产品技术要求 GJB 6315—2008 航天侦察情报地理信息表示要求 GJB 7166.1—2010 一体化指挥平台情报综合数据库数据结构与代码 第1部分:数据关系结构 GJB 7166.2—2010 一体化指挥平台情报综合数据库数据结构与代码 第2部分:数据结构设计 GJB 7166.3—2010 一体化指挥平台情报综合数据库数据结构与代码 第3部分:数据应用字典 GJB 4028 — 2000 航天遥感数据编目检索方法 ITU—T T.800 信息技术 JPEG2000 图像编码系统 ISO—12639 图形技术 预压数字数据交换 成像技术的标识符图像文件格式(TIFF/IT)
信息交换格式规范	规定信息交换格式要求和定义	GJB 5948.1—2007 数据链消息格式 第1部分:三军联合信息分发系统消息格式 GJB 5948.2—2009 数据链消息格式 第2部分:综合数据链固定消息格式 GJB 5948.3—2009 数据链消息格式 第3部分:可变消息格式 GJB 5948.4—2009 数据链消息格式 第4部分:数据链数据元素字典 GJB 5948.5—2009 数据链消息格式 第5部分:消息转换 DAB 16—2010 战术数据保文通用要求 JCB 183—2010 情报信息系统信息交换通用技术要求 JWTB 07—2011 广播分发网广播业务信息交换技术要求 GJB 4263—2001 卫星通信地面侦察站设备监控接口及数据格式
数据与信息处理软件规范	规定数据与信息处理系统、软件和平台的要求和规范	GJB 4160 — 2001 通用信息处理平台通用要求 GJB 5175—2004 合成孔径雷达数据处理系统通用要求 GJB 6557—2008 地图处理及态势信息系统规范 GJB/Z 136—2003 通用信息处理平台集成与运行指南
安全规范	规定数据信息安全要求和定义	GJB 4454— 2002 技术侦察情报数据库安全要求

另外,国际上制定面向服务体系系列标准的组织有三个,分别为 W3C
(World – Wild Web Consortium,万维网联盟),OASIS(Organization for the Ad-
vancement of Structured Information Standard,结构化信息标准促进组织),WS – IO
(Web Service Interoperability Organization,Web 服务互操作组织),它们制定了服
务体系的相关规范,成为面向服务体系开发和应用的重要参考标准。天基信息
服务体系作为一个军事领域的面向服务体系,在建设和应用中可适当参考相关
国际通用标准。面向服务体系开发的国际通用标准见表 2 – 3。

表 2 – 3　面向服务体系的国际标准

规范类型	规范的功能和作用	相关标准和规范
传输协议	定义了在 Web 服务之间传送原始数据的核心通信机制	HTTP/HTTPS SMPT MQ
消息传递规范	定义了如何正确地安排消息的格式,提供了互操作机制	XML SOAP Addressing
服务描述	使 Web 服务能够表达它的接口和功能以实现消息互操作性,并使得来自不同厂商的各种软件工具能够协同支持开发人员	WSDL WS – Policy
获取描述	使得服务能够通过 Web 服务接口将元数据提供给其他服务,定义了元数据描述和发现接口、元数据聚合服务	WS – Metadata Exchanging UDDI
安全性	支持服务验证和消息完整性、机密性、信任和隐私,也支持不同组织之间的安全联盟	WS – Security WS – Trust WS – Secure Conversation WS – Federation
可靠性	使 Web 服务能够确保 Web 服务在不可靠的通信网络上传递消息	WS – Reliable Messaging
事务处理	支持多方参与的多组消息交换	WS – Coordination WS – Atomic Transaction WS – Business Activity
服务组合	支持服务组合,使开发人员能够为共同实现一个业务流程的 Web 服务定义结构和行为	WS – BPEL

第3章　天基信息服务识别与优化

在天基信息服务体系中,服务是最基本的组成,服务相对独立、自包含、可重用,由一个或多个分布的系统所实现,通过服务的组合形成作战过程。因此在开发、部署和管理服务之前,首先要明确天基信息服务体系中有哪些服务,这就是服务识别。实践证明,服务识别是实现 SOA 的关键,也是 SOA 项目实施中的难点和重点,在服务识别期间产生的错误将会影响系统的详细设计和执行活动,尤其影响服务的组合应用效果。服务识别的主要任务是系统中有哪些服务,主要是根据服务设计的准则、设计服务优化算法进行优选,获得满足服务特性的最优候选服务集。

要在作战系统中识别出"优质"的服务,需要解决来自用户的作战应用层和技术层两个方面的问题:从作战应用层来讲,服务识别主要关注于"如何使服务满足用户的作战需求和作战目标?"例如,天基信息服务必须要能够完成一定的作战信息支持功能或数据交换功能,并根据系统的总体需求和战略规划,在实施服务的成本效益、易维护性、可定制化等之间做出决策和平衡;在技术层面上,服务识别关注于"如何使服务满足 SOA 架构的特征要求?"因为服务是供一个组件执行的定义良好的工作单元,并封装成易于被访问的格式。服务的可重用性要求只要实现功能一次,就能被广泛访问,另外服务的松耦合、高内聚特性直接影响系统的通信成本和工作粒度等,这就要求服务识别要在服务的技术特性如稳定性、复用性、复杂度等之间做出最优选择,从而保证识别结果在作战应用层面和技术层面上都满足要求。

天基信息服务体系的候选服务识别即如何根据作战需求,采用一定的技术手段,从复杂多变的作战活动中抽象出满足可重用、松耦合、粒度合适的服务,完成从作战活动到作战服务的映射,从而实现松耦合、可重用等目标,满足作战任务多变的需求。

3.1　天基信息服务识别

3.1.1　服务识别准则

在进行服务识别时,要遵循服务设计原则。Thomas 提出了 8 项面向服务设计原则,包括服务合约、服务耦合、服务抽象、服务可复用性、服务自治、服务无状态性、服务可发现性和服务可组合性,这些服务设计原则,从不同方面约束和规定着服务的识别。服务设计原则之间存在着相互影响、相互制约的关系,如对服务耦合而言,一方面,细粒度的服务可能会造成通信代价,如重复调用相同能力的服务,或是造成耦合度增加,如由于用户不能接收到足够的信息而不得不同时调用其他服务来完成一个相对完整的功能;另一方面,粗粒度的服务可能使用户接收到超过其实际需要的过多信息,从而导致带宽和用户处理时间的浪费。同样,服务抽象鼓励发布尽可能少的细节,以便在服务随时间而演化的过程中给服务的拥有者最大的自由度,这直接会影响服务约束的粒度,使其趋向粗粒度的级别。服务的可复用性原则倾向于减低服务的粒度级别。服务的可组合性对服务粒度的影响则是多方面的,一方面,如果一个服务集中细粒度的服务越多,那么一个组合平均需要调用的服务就越多,需要执行的组合逻辑就复杂;另一方面,粗粒度的服务会导致在运行一个组合实例时平均需要传输的数据量就会增大。因此,对于有效地识别和使用服务来讲,决定服务恰当的耦合度、内聚度和粒度级别相当重要,特别是考虑提供可复用功能时,需要在各个服务设计原则之间做出正确的平衡。

Ali 提出了针对不同的业务目标、在内涵上有所重复的四个服务识别准则:

(1)服务的耦合度:服务的耦合度描述了一个服务与其他服务的相关关系。减少服务的外部依赖关系,使得可以长期地、更多地利用服务,这样的服务更容易被复用、组合、演化甚至扩充以支持不断变化的作战方向、作战进程和作战需求,使其可以有效地重新使用和再现服务的能力,也就是说,松散的耦合关系可以最大化地提高服务复用的潜在可能性和机会。

(2)服务的粒度:指一个服务内包含的业务活动的平均数。

(3)服务的内聚性:是指一个服务内部活动之间的相关关系,因此内聚性有两个影响因素:服务内部的活动数量、活动间的数据流。

(4)业务实体的聚合度:业务实体提供了一个自然的途径去将业务活动分为服务,每一个被识别的服务执行相同实体的活动过程,因此服务集必须满足两个因素:一个服务的执行要尽可能牵扯最少的业务实体数量;在相同实体中执行的活动最好是在同一个服务中。

Ali 所提出的四个服务识别准则一方面说明了作战活动并不能直接作为服务进行封装,一个服务可能包含多个活动;另一方面说明了服务识别的关键是对服务的内外部特性进行平衡,即识别出的服务要有高的内部聚合和低的外部耦合度。

综上所述,为了有效地识别优质服务,要在各个服务设计原则之间做出正确的平衡,可以通过分析不同作战流程中主要节点内部所包含的活动数量和外部所关联的活动数量,即内聚度和耦合度,从而识别出满足服务特性的、具有合适粒度的服务。

3.1.2　服务识别方法

SOMA 方法提供了三种常用的服务识别方法:自顶向下方式、自底向上方式和中间对齐方式。

(1)自顶向下方式也称为领域分解方式,是从业务着手进行分析,选择端到端的业务流程进行逐层分解至业务活动,并对期间涉及到的业务活动和业务对象进行变化分析,变化分析的目的是将业务领域中易变的部分和稳定的部分区分开来,其输入是端到端的业务流程和业务组建模型。

(2)自底向上方式也称为已有资产分析或遗留系统分析,目的是利用已有资产来实现服务,已有资产包括已有系统、设备、定制应用、行业规范或业务模型等,在现有系统中,无论是否是服务,大多数资产可以被重用。作为一个被广泛应用的自底向上方法,已有资产识别方法是分析现有系统的功能和价值,然后去识别可重用的资产的方法。但是考虑到业务创新需求,它往往不能独自完成服务识别,常常与自顶向下的方法进行结合。

(3)中间对齐方式也称为目标－服务建模,目的是帮助发现与业务对齐的服务,并确保关键服务在流程分解和已有资产分析的过程中没有被遗漏。业务目标建模将业务目标分解为子目标,然后分析哪些服务是用来实现这些目标的。在这个过程中,为了可以度量这些服务的执行情况并进而评估业务目标,会发现关键业务指标、度量值和相关业务时间,从而进行有效的服务识别。

这三种服务识别方式各有优劣,互为补充,因此在实际应用时,常常将它们组合使用,以获得详尽的、按逻辑分组的潜在候选服务清单。领域分解方式侧重于衡量业务层面的识别原则,得到的过程模型中的每个活动都被看作是候选服务,这是一个细粒度的从活动到服务的映射,其中,共同的活动或子过程是很好的候选服务,但存在比较费时且较少关注服务的可复用性等技术层因素的不足;已有资产分析方式侧重于衡量技术层面的识别原则,可以发现过程分解时可能遗漏的服务,这是一个大粒度的从功能到服务的映射,较少关注服务的商业需求,抽象出的服务粒度较粗;目标－服务建模用于检验前两种服务识别方法未能发现的其他服务,通过将服务直接追溯到业务目标,确保了关键服务没有被遗漏。这三种服务识别方式的关系如图 3－1 所示。

SOMA 所提供的领域分解、已有资产分析和目标服务建模三种方法来进行服务识别,是最为定性的服务识别方法,它更多地依赖使用者的经验和知识,是

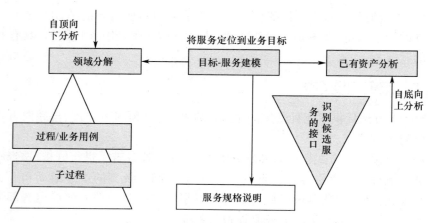

图 3 - 1　服务识别三种方法的关系

方法论层次的,它给出了服务识别的策略,但未给出操作层面的技术和方法,一些学者以此为指导对服务识别方法进行深入研究,借助一些具体的技术、方法和工具等,使其更具有操作性。其中,模型驱动方法是一种自顶向下的服务识别活动,主要是基于需求和业务规则产生业务模型,然后将业务模型转换为业务服务。典型的和标准化的模型驱动算法是 OMG(Object Management Group,对象管理组织)提出并支持的模型驱动架构(Model Driven Architecture,MDA),它是一种软件设计方法学,强调在不同层次模型之间自动的、双向的映射,常常采用CIM(Computational - Independent Models,计算无关的模型)方法构建业务过程模型,并利用 PIM(Platform - Independent Models,平台无关的模型)将其转换一种具体的技术实现,如 UML(Unified Modeling Language)模型,每种实现称为 PSM(Platform - Specific Models,平台相关的模型)。但因为 CIM - PIM - PSM 结构较为复杂,因此大多数的服务识别活动并不采用这样的一个过程,而是通过目标模型、业务过程模型或特征模型来进行服务识别,这些模型直接来自需求,分解为子目标、子过程和子特征,并把它们映射为服务模型。模型驱动方法是将业务需求转换为业务服务的方法,它可以提高可重用性,但是由于是一个完整的自顶向下的活动,是从总体角度开始对所要构建的系统进行分解、建模和转换,因此它忽略了已存在的服务资源。

　　Behara 指出自顶向下的策略可以被进一步分为业务过程驱动和用例驱动两类,描述了自顶向下和自底向上方法进行服务识别的步骤,主要包括分析已有系统和创新业务过程,在已存在的系统(遗留系统)中进行功能识别,将已被识别的服务映射到业务过程的一个活动中并且提炼过程模型。它所提供的自顶而下和自底向上的技术,虽然可以用于企业规模的服务识别,但是不能被用于定量衡

50

量具有更高抽象程度的服务识别,而且忽略了工具的利用。

Suntae Kim 构建了基本想定模型,将要分析的系统分解为三级:业务级、服务级和交互级,然后在基本想定模型的基础上,通过改变某些要素,获得可变的场景模型,从而获得潜在的业务需求,完成服务的识别。Jaeung 在此基础上,考虑了联合价值生成和 IT 聚合,弥补了前述方法的不足。二者均属为方法论层次上的,用于从宏观上指导服务的识别,而且均未考虑服务的松耦合和可复用等特性。

Nandi 介绍了一种模型驱动业务转化方法,是应用模型驱动软件综合技术,试图从高价值业务过程模型中半自动或自动地产生业务服务构件。他提出了业务实体生命周期技术,并集成到 SOMA 框架中。虽然他们执行了一个工具去半自动地产生服务,减少生产费用和时间,但仍然存在不足,所提的方法是为了对目标方案的行为建模,他们关注实体而不是活动,那些并不能从实体的交互上来判断的行为将会被遗漏。

实际上,服务识别的目标是确定服务体系中哪些功能、信息(数据)可以作为服务,这些服务应具有合适的粒度,服务内部满足高内聚特性,服务之间满足松耦合等特性。对于复杂的天基信息服务体系而言,很难通过一种方法来解决各种特性之间的平衡问题,不可能也没有必要追求自动或半自动的服务识别过程,而是需要根据天基信息系统现状和未来的应用目标,设计合理的服务识别流程,采用定性定量相结合的方法,从天基信息服务资源的构成、能力以及协同规则三个方面进行分析,然后设计服务识别算法,按照服务识别准则对天基信息应用流程进行优化,获取满足服务特性的天基信息服务集合。

3.1.3　服务识别过程

一般来讲,企业在构建 SOA 应用时,已经存在相对成熟的业务流程和服务能力,因此,他们关注的是流程的优化和重构。我国的天基信息系统目前虽然已初具规模,并在汶川地震等大规模突发事件中得到了应用,但从整体来讲,尚未形成完整的战斗力,没有相对成熟的作战应用流程、信息支持与协同规则等作为服务识别的主要依据,因此在进行天基信息服务识别时,既要考虑对现有系统能力的继承和集成,又要在整体上从服务识别的角度优化作战应用流程,使其能充分满足面向服务要求,发挥面向服务体系的最佳效能,从而提升天基信息整体服务能力和水平。

天基信息服务识别过程主要分为四个阶段,如图 3 - 2 所示。

第一阶段是系统分析,要从资源能力、服务需求和军事规则三个方面进行系统分析,其中资源能力分析主要解决天基信息系统"有什么"的问题,不仅要考

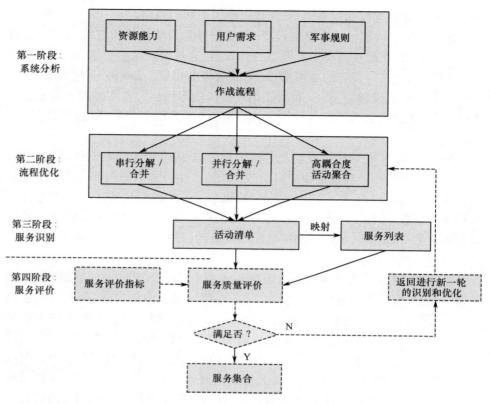

图 3-2　天基信息服务识别过程

虑资源自身固有的能力,还要结合服务识别准则,考虑对资源固有能力的复用、优化和再生的需求;服务需求分析主要考虑未来作战对天基信息服务的总体需求,这在第2章已经论述,不再赘述;军事规则主要是解决资源的协同问题,要考虑未来作战对天基信息协同、同步和共享等的要求,提出合理的天基信息资源协同规则,有助于明晰天基信息间的关系,为服务识别和优化提供参考。

　　第二阶段是流程优化,这一阶段首先要建立作战流程描述模型,提出从服务识别角度对作战流程进行优化的规则,设计优化算法,使得多个密切相关作战活动的外部特性表现为一个服务,从而使得优化后的作战过程中各节点的活动满足一定的服务特性。这种优化并不对作战流程本身进行结构化的改变,即不改变作战活动的顺序和相互关系,节点间的合并和分解只是在逻辑上的合并和分解,优化后的流程是为了识别优质服务而虚拟存在,目的是便于从服务角度对这些优化后的作战活动(或节点)作为服务进行识别。

　　第三阶段即进行服务识别,是获得优化后的作战流程中的子节点(活动)清单,并将其进行整理分类,映射为候选服务集。一般情况下,如果在服务识别时考虑了服务特性,按照服务识别准则进行了过程优化,则可认为提取的服务满足服务特性,具有合适的粒度、较好的松耦合和高内聚等特点,候选服务集即为系统所能提供的基本服务集合。

第四阶段是进行服务评价,提出服务评价指标,采用综合评价技术对候选服务进行评价,若总体上不满足服务评价指标,则返回第二阶段,进行新一轮的服务识别过程。一般情况下,如果在服务识别时考虑了服务特性,按照服务识别准则进行了过程优化,则可认为提取的服务满足服务特性,具有合适的粒度、较好的松耦合和高内聚等特点。同时,在后期进行服务能力评价时,也会从总体上围绕服务特性、服务质量等进行评价。因此,这一阶段不是必需的,可以省略。

3.2 天基信息服务资源及其协同规则

3.2.1 服务资源构成

服务的最根本基础是资源,有了资源,才有可能进行服务,才能构成天基信息服务体系的基本单元。天基信息系统中存在着各种各样的资源,如信息获取资源、信息处理资源、存储与管理资源、通信资源、任务调度和管理资源等,按照面向服务的理念,这些资源所提供的能力可能成为一种完整的或部分的服务,因此首先对天基服务资源构成进行分析,在此基础上讨论这些资源可能提供的服务能力,为服务识别提供定性分析支持。

天基信息系统资源分为四类:天基信息获取资源、天基信息传输资源、天基时空基准资源和天基资源综合应用管理资源,如图 3 - 3 所示。

（1）天基信息获取资源包括天基侦察与监视系统、天基预警系统和天基环境探测系统,是以卫星为主的航天器从空间发现、识别和监视地表、空中以及空间的目标,获取目标和环境信息的资源。

（2）天基信息传输资源包括卫星通信系统、卫星战场态势直播系统和卫星数据中继系统,是以卫星为主的航天器作为中继、交换站,将信源信息传递到信宿的信息传输系统,是现代军事信息传输的资源。

（3）天基时空基准资源包括卫星导航定位系统、卫星地球测量系统,是以天基手段为陆地、海洋、空中、空间用户提供时间和空间基准的资源。

（4）天基资源综合应用管理资源包括天基资源综合应用系统、综合运行控制系统和航天器维修保障系统,是实现天基资源共享、系统集成和综合管理的资源。

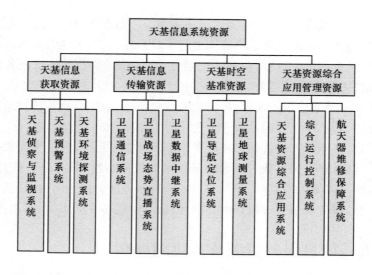

图 3 – 3　天基信息系统资源构成

3.2.2　服务资源能力分析

天基信息服务资源提供了五种服务能力,部分能力是由多个系统共同或分别完成的,如地面站系统和信息处理系统均具有信息处理能力,而信息分发能力则由在轨航天器系统中的通信与中继卫星系统、地面站系统和信息分发系统共同完成。天基信息系统服务资源及能力构成如图 3 – 4 所示,下面对五种服务能力进行详细分析。

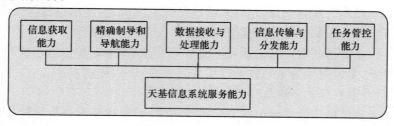

图 3 – 4　天基信息系统服务能力

1. 信息获取能力

信息获取能力是指以携带各类侦察载荷的卫星获取侦察监视、导弹预警和环境探测信息的能力,主要由天基侦察监视系统、天基预警系统和天基环境探测系统提供。

天基侦察监视系统具有为海、陆、空、第二炮兵用户及战略、战役和战术级用户提供战场侦察监视信息、预警信息、环境探测信息的能力,可以发现、识别和监视陆、海、空、天的各种目标,获取目标信息(特别是动态敌情信息),在经过快速处理后,提供给一体化联合作战指挥机关和作战单元。按信息类型和获取方式,可以提供成像侦察信息、电子侦察信息、海洋监视信息和空间目标监视信息等。

天基预警系统从功能结构上划分包括空间预警飞行器和地面系统两大部分。其中,空间预警飞行器包括部署在高轨道和中低轨道上的各类预警卫星,通过安装在天基平台上的传感器,对弹道导弹、空间飞行器、远程轰炸机和巡航导弹等预警对象进行探测、发现、识别和跟踪;地面系统包括运行控制、应用、信息传输分发、终端等系统,其功能是完成对预警卫星及其星座的运行控制,接收各种预警卫星传回来的探测数据,对预警卫星获得的探测数据进行处理并提取出预警信息,向各种用户发布预警信息,通过终端设备将预警信息嵌入各级指挥决策机构和武器平台,为实施防空袭、反卫星、导弹拦截或反击作战提供信息支持。卫星导弹预警采用可见光、近红外、中红外、热红外四个扫描波段探测器,红外波段分辨率为15m,可见光分辨率为4~5m,监视宽度为100~200km。卫星导弹预警对目标的定位误差小于10km(落点、发射点)。

天基环境探测系统可获取地球大气、海洋、空间环境信息,以探测天气变化、辐射环境、水文资料、海洋环境等要素,在对探测信息综合处理后,向用户提供环境信息及其对作战影响的分析结论,包括对作战部队的部署、作战行动、武器装备的使用以及对 C^4ISR 系统运行的影响等。按照环境信息类型,可以提供气象信息服务、海洋环境信息服务、陆地观测信息服务、空间环境信息服务等。

2. 精确制导和导航能力

精确制导和导航能力主要指利用运行于地球中高轨道的卫星星座连续向地球表面发射带有准确发射时间以及卫星在空间准确位置等信息的无线电信号,地球表面及近地空间的导航接收机通过接收多颗卫星信号并进行测距而给出其载体的准确位置、速度和时间的过程。该任务的目标是为力量投送、目标定位、武器的精确制导提供全球性、全天候的导航、定位与授时信息服务。

精确制导和导航能力可以提高武器装备的作战效能,使作战力量可在远距离对敌实施精确打击;为指挥自动化系统提供精密授时;为各级提供精确的方位、速度、时间等信息,使各级部队在夜间、浓雾等环境中仍可实施准确、迅速、及时的机动。在海湾战争和对伊战争中,美国大量使用采用 GPS 制导的巡航导航、GPS 制导炸弹等各种 GPS 精确制导武器,取得了良好效果,GPS 制导已成为实现外科手术式打击的重要手段。未来的导航卫星系统将具有更高的导航、定位与授时精度,提供更多的导航信号,同时其抗干扰能力、自主导航能力将不断提高。

3. 数据接收与处理能力

数据接收与处理能力主要由遥感卫星地面站系统和信息处理系统提供,其中,地面站系统一般都具有数据接收和数据处理两类功能,其中遥感卫星地面站是我国对地观测领域的核心基础设施,负责接收、存档、处理国内外对地观测卫星数据,并为全国遥感用户提供数据与信息服务。目前,民用的遥感卫星地面站已形成了以北京总部的运行管理与数据处理为核心,密云接收站、喀什接收站、三亚接收站为数据接收点的运行格局,形成了较为完善的运行管理系统、数据处理系统、数据管理系统、数据检索与技术服务系统等,能够处理多种卫星影像数据。接收站内配备多部接收天线及相关的各种卫星数据接收、记录设备,实现了覆盖全国疆土的数据接收、处理和服务能力。而对于军用卫星信息的接收,就我国目前情况而言,通常依赖于为数不多的几个专业接收中心,这几个专业接收中心将卫星信息进行处理后,再逐级下传处理。如对海洋遥感数据,其地面站的数据接收系统接收和预处理 L 波段和 X 波段的遥感数据,其中,预处理主要对原始数据进行冗余信息去除、地理定位和辐射定标等;数据处理系统实时、自动处理经过预处理后的数据,经过几何校正、大气校正、地图投影和大气、海洋、陆地信息的提取,生成各卫星的单轨遥感产品,按照设定的周期,融合处理和综合应用多颗卫星资料,制作多种海洋遥感专题产品,即完成二、三、四级遥感产品的制作。

数据处理指从获取情报数据到提供使用的整个工作过程,即将卫星获取的原始信息,以一定的设备和手段,按照一定的目的和步骤进行加工,变换成便于理解、传递、分析或进一步处理的信息形式,最后输出各种有价值的情报。系统是由各种信息处理平台、数据库、服务器、局域网构成的一个信息处理环境。目前就我国而言,由于不同的卫星应用系统对应不同的业务部门,它们的信息处理中心都是分别建设的,各种不同类型的信息处理中心之间尚未实现信息互联互通。

4. 信息传输与分发能力

信息传输与分发是利用在立体空间构建的情报数据传输交换和信息处理网络(如战略、战术卫星通信网等)对卫星获取的原始信息或经过处理的情报发送至所需平台,使侦察监视传感器和情报处理系统直接与相关的指挥控制或武器控制系统连通,实现情报数据交换和情报资源共享,为指挥员提供统一、及时、准确、安全、保密的战场态势,以便迅速、正确地进行决策。信息传输与分发能力包括四个方面:一是将卫星获取的原始信息传送到数据处理系统进行处理;二是将获取和生成的情报产品传送给指挥控制系统、各级指挥所和武器平台;三是在各处理系统之间递送情报信息,用于实现情报共享、协同侦察等;四是为各类用户提供天基信息查询、评价、利用以及其他增值情报服务。如前所述,由于不同的卫星应用系统对应不同的业务部门,因此目前天基信息传输与分发资源只能提供以上的能力一和能力二的一部分。

5. 任务管控能力

任务管控能力是由指挥控制系统、天基信息系统提供的各类用户对天基信息的需求收集、分析和任务规划能力,主要包括需求管理能力、信息获取计划生成能力、信息获取任务指派能力。

空间协调能力主要负责收集来自用户的天基信息支援需求,并对需求进行分析、分类,并从全局角度根据用户的等级、威胁评估等进行需求优先级评价,明确优先信息获取任务。信息获取任务规划是根据需求优先级、在轨卫星能力等制订情报搜集计划,将情报需求转换为可执行的卫星侦察监视任务计划;信息获取任务指派是将经指挥官批准的卫星侦察任务计划转换为作战指令,经由指挥控制链路发出对卫星的任务指示,并协调相应支持和保障系统、数据接收与处理系统、信息传输与分发系统协同支持任务的全过程。

资料表明,目前我军已具备基本的卫星指挥控制能力,在汶川地震、渤海湾油污监测、生态环境质量评价等任务中得到了应用,但对于未来作战用户数量多,对信息的时效性、精确度和正确率等都有较高要求的情况,目前的任务管控能力难以满足战时需求,需进一步完善和提高。

3.2.3 服务资源协同规则

网络中心战理论认为,拥有一套行动规则再加上感知共享就可以在分散指挥的作战单元之间实现自同步,并且在加快作战节奏和响应速度方面达到最佳境界。天基信息系统具有独特的信息优势,要将信息优势转化为知识优势和决策优势,必须综合运用多种天基信息资源,使其相互协同,充分发挥各自的优势,达到最佳的整体支援效果。协同将成为天基信息资源应用的主要形式之一,资源间的协同关系是作战流程的重要组成部分,但目前尚未有成熟而明确的协同规则可参考。因此,为了更完整地分析和优化作战流程,应进行服务资源系统规则的研究。

美军联合出版物 JP1-02 把协同能力定义为"系统、单元或部队进行服务交流,并共同实施有效作战的能力",许国强等提出自适应协同的条件有三个:无缝衔接的战场信息网络、多方参与的指挥训练和共同认可的作战规则。天基信息服务体系中存在大量的服务资源,这些服务资源隶属多个管理机构,需要按一定的协同规则进行统一规划和应用,以发挥整体优势。目前,美军在其 2009 版

《空间作战》条令中规定了空间作战中不同的角色、职能和指挥关系,明确了空间协调员的职责和协调方式,目的是使空间活动协调、无冲突、继承、同步地执行,但没有对各作战力量的具体协同规则进行阐述。我国目前对于天基信息系统资源的协同研究主要偏重于在技术层面,主要解决特定任务下对卫星的调度问题,主要采用遗传算法、禁忌搜索等智能规划算法,结合 MAS(Multi Agent System)理论中的合同网协议等方法,通过协商的方式来进行任务的分配,考虑的主要因素是路径、燃料消耗等,目前可检索到的相关研究均未涉及对作战层面上的力量协同规则的考虑。

复杂性理论的涌现性说明,各种复杂系统表面上的复杂性来源于深层次的简单性,其无规则、混沌的过程中往往都包含着潜在的有序行为模式,即战场上纷繁复杂的总体态势是由一系列简单的交战规则和行动原则相互作用、相互制约,交织在一起涌现出来的,也就是说,各种复杂的、大大小小的战斗行动是遵循一定规则进行的,越向低层,其规则越简单。天基信息资源分布于空间战场和地面战场,地面系统与空间系统之间、侦察监视系统与通信中继系统之间、导航定位系统与通信中继系统之间、气象观测系统与侦察监视系统之间、大地测绘系统与通信中继系统之间、侦察监视系统内部不同类型卫星之间都存在协同问题,要实现协同,规则是基础和依据,技术是手段和途径。天基作战力量作为一种新型作战力量,协同规则研究尚处于起步阶段,探索性地提出具有代表意义的天基信息获取和天基信息处理两个阶段的典型协同规则,用于指导和约束天基信息服务资源的协同应用,也为更多、更为完善的协同规则研究提供参考。

1. 卫星信息获取协同规则

1)电子侦察卫星与成像侦察卫星之间的协同规则

电子侦察卫星具有侦察监视区域广的特点,获取的目标定位精度一般在几各米至几十千米级,瞬时监视范围一般在数百至数千平方千米;而成像侦察卫星的图像分辨率一般在米级,定位精度一般在百米量级,瞬时成像一般在几十千米的量级。电子侦察刻画的是目标配属的辐射源特征,可以不受地域或天气条件的限制,大范围、连续性地长期监视和跟踪敌方雷达、通信等系统的传输信号,与分辨率无关,侦察数据经过处理,获得辐射源参数后,在有关情报的支持下,可以较为准确地判定辐射源类型及型号;而成像侦察获取的是目标外部特征,在较低图像分辨率情况下,只能判定目标粗的类别归属,目标发现和识别能力不仅直接与分辨率有关,伪装揭示能力有限,可见光成像侦察还受天气条件、光照等影响。如果两类卫星协同执行信息获取任务,则可提高情报的时效性和情报质量。

在执行信息获取任务时,一方面,由于电子侦察卫星侦测的是敌方雷达、通信等电子系统所辐射出的电磁辐射信号和战略武器试验中出现的遥测遥控信号,因此若电子设备关机或处于静默状态,则不能获取目标信息,还需要成像侦察卫星获取目标信息,并进行目标指示,然后电子侦察卫星锁定重要目标进行监控,等待目标电子装备开始时捕获信号,获取目标的电子特征;另一方面,电子侦察卫星覆盖范围广,往往最先覆盖目标区,若目标的电子设备工作,则可早于成像侦察卫星获取目标信息,然后指导成像侦察卫星对重点目标进行侦察,获取目标的图像情报。因此,二者的协同不分主次,是由最先发现目标者进行目标指示,后者根据指示的目标方位和特征,接力下一步侦察。电子侦察卫星与成像侦察卫星之间的协同规则如图 3-5 所示。

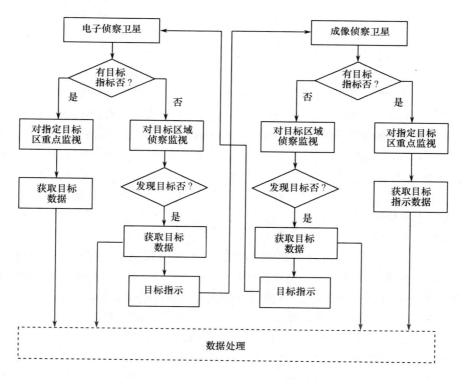

图 3-5　卫星实施侦察任务协同规则

2)侦察卫星协同预警卫星实施预警任务

侦察卫星协同预警卫星的目的是提高预警效率。导弹预警卫星的探测精度与星座构成有关。卫星轨道越高,覆盖范围越大。卫星数量越多,分配给每颗卫星的责任区越小,对目标的时间分辨率(重访时间)和空间分辨率(细微特征辨识)越高。

导弹预警卫星是根据导弹发射和飞行时的目标特征实施监视、跟踪和定位的。如美国的"国防支援计划"（Defense Support Program，DSP）预警卫星，由几颗地球静止轨道卫星组成，主要是通过星上的施密特望远镜搜集导弹发射主动段尾焰产生的红外辐射来监视导弹发射的，望远镜轴线与卫星主轴成 7.5° 的夹角，因而随着卫星自旋可形成一个圆锥扫描区域，每分钟对地球表面扫描 6 次，电视摄像机的作用是辅助红外探测器辨别真假导弹目标。星载望远镜循环往复地进行圆周扫描，DSP 卫星可获得多组观测数据，为预测导弹落点和导弹飞行时间提供依据。

美国的天基红外系统（Space Based Infrared System，SBIRS）包括高轨道（SBIRS – HIGH）和低轨道（SBIRS – LOW）两部分。高轨负责发现，低轨负责跟踪。天基红外的高轨道卫星上装有一台高速扫描型探测器和一台与之互补的凝视型探测器，其中扫描器的扫描速度比 DSP 高许多，它同凝视型探测器相配合，使天基红外系统卫星的扫描速度和灵敏度比 DSP 卫星高出 10 倍以上。当高轨道预警卫星发现导弹发射后，将数据传输至任务控制站，任务控制站将数据发送给低轨预警卫星，低轨预警卫星网采用"接力"的工作方式对目标进行跟踪监视，并将测量数据不断下传至任务控制站，任务控制站根据预警信息引导拦截导弹发射。这里，高轨预警卫星发现导弹发射后低轨预警卫星"接力"对目标进行跟踪监视，使系统具有弹道导弹全程的跟踪能力，在不同轨道的预警系统间形成了协同，提供预警信息的准确度和精确度显著提高，大大降低反导系统的部署数量。而可以形成协同，进行"接力"的必要条件是高轨预警在导弹发射的主动段能够及时探测到足够多的导弹尾焰数据。

可见，与 DSP 系统相比，SBIRS 系统提高了预警信息的准确度和精确度，但主动段的探测在预警过程中仍然起决定作用。由于导弹发射主动段飞行时间有限，尤其是中短程战术导弹，主动段时间较短，发动机尾焰辐射热能较小，不容易被探测，导弹飞行时间短，导弹预警系统提供的预警时间可能不够充分。因此当预警卫星实施预警任务时，侦察卫星对重点区域地区，尤其是导弹发射阵地进行侦察监视，发现阵地异常或跟踪机动发射装置，及早发现导弹发射预警症候，提示预警卫星对该区域重点监视，从而提高预警效率，这样就需要侦察卫星和导弹预警卫星协同完成预警任务。同时，早期发现导弹发射症候还可以为射前打击行动提供更为准确的目标信息。

以侦察卫星协同 SBIRS 预警为例，侦察卫星与预警卫星之间的协同规则如图 3 - 6 所示。

2. 信息处理协同规则

由于多传感器系统比单传感器系统更能适应复杂的战场环境，多传感器系

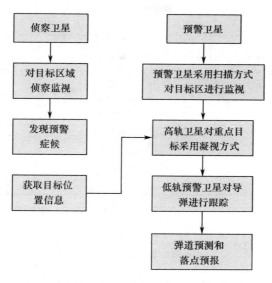

图 3 - 6　侦察卫星与预警卫星之间的协同规则

统目标识别的准确率更高,所以对多个侦察卫星获取的数据信息进行融合可以降低误差和不确定性、提高目标检测的概率和识别的准确度、提高输出结果的可信度等。这样,就需要对信息处理过程进行协同,以获得更高的信息处理效能。下面以电子侦察与成像侦察信息处理协同为例,说明信息处理的协同规则。

电子侦察监视区域广、发现目标早,因此将首先由脉冲分选/辐射源定位模块完成侦察脉冲列的分选及辐射源定位,然后根据其提供的辐射源位置及误差信息以及侦收时间,引导成像传感器提取给定时间段和地理位置范围内目标图像。该方式可以保证两种数据是同时相的,数据的时效性好。对已分选好的脉冲列,由辐射源特征提取模块提取辐射源特征,并结合历史雷达侦察情报和雷达数据库,识别判断辐射源类型;进一步结合配属平台数据库,识别雷达配属平台,给出相应的置信度。对经引导成像后的图像提取目标区域,并利用辐射源识别的初步结果,提取目标成像特征。该方式有利于提高图像识别的效率。图像目标识别模块利用领域知识库,结合成像几何/辐射以及编队特征,判断目标类别,并给出相应的置信度。由于电子侦察和成像侦察使用的是完全不同的传感器类型,而且两者的定位精度相差 1 ~ 2 个数量级,很难直接进行数据关联。因此,首先要调用不精确图匹配方法的平台配准算法,通过构造目标集合各组成部分的相对位置关系图来完成目标平台时空关系的配准,然后调用目标识别算法和目标融合识别算法,决策层完成目标的融合识别。卫星电子侦察与成像侦察信息处理协同规则如图 3 - 7 所示。

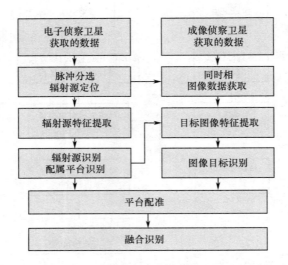

图 3 - 7　卫星电子侦察与成像侦察信息处理协同规则

3.3　面向服务识别的天基信息应用流程优化

作战流程与服务之间关系密切,既有区别又有联系。作战流程由多项任务组成,表示为一项单独的服务或一组服务;而服务表示为单个可重复执行的作战行动或能力(例如,卫星的信息获取行动)。因此,可以将作战流程中相对独立,具有松耦合、高内聚特性的作战行动或能力直接识别为服务,而对于不满足松耦合、高内聚特性的作战行动或能力,则要在不改变作战流程自身结构和逻辑关系的原则下,按照服务特性要求进行合并或分解,使合并或分解后的作战行动或能力可以被识别为服务。在3.2节对系统的服务资源构成和能力分析的基础上,考虑服务资源的协同规则,按照服务特性对作战流程中的功能或行动进行分解和聚合,就可以识别出满足服务特性的优质服务。

因此,下面首先研究作战应用流程模型化的方法,对应用流程进行抽象,使其形象化、逻辑化并易于采用数学的方法来进一步处理,然后根据服务特性设计优化规则并研究规则实现的支持模型,为服务识别提供方法支持。

3.3.1　天基信息应用流程模型

作战流程模型是对作战过程的抽象表示,必须能清楚地表达一个作战过程的具体构成。一般的流程,大都只需要通过语言或文字就可以表达清楚,并不需

62

要建立流程模型。但是为了对作战流程进行研究,改善一些重要的性能指标或到达某种目的,如服务的识别,就需要采用数学语言对流程进行定义和描述。

天基信息应用流程包括了请求、计划、获取、处理、分发、接入等多个环节,信息获取、信息传输、处理功能等以不同形式和不同作用机理应用于作战的各个节点,各节点间关系复杂,并具有一定的随机性和不确定性,给作战过程优化和作战研究带来了麻烦。因此需要建立天基信息应用流程模型,清晰而简单地描述系统节点之间的相互关联关系,恰当地反映作战流程,支持流程分析、重构、优化和服务识别等工作。

在分析一些实际的作战流程时可以发现,一个完整的作战流程由一系列最基本的作战活动按照一定的逻辑顺序规则组成,这些活动和逻辑关系直观清晰地抽象成为一个由节点和链路组成的网络模型,这样可以使复杂的作战流程简单化、形象化,与复杂的 Petri 网建模相比,更容易在计算机上表示和实现,同时也比较容易理解和掌握,并可以通过图形界面工具生成新的作战流程,有利于流程的优化和分析。而且,抽象成一个网络图之后,可以利用图论的相关理论和方法来分析流程可能存在的冲突、死锁、不可达等结构问题,也可以通过聚合和分解手段,对作战流程进行优化和重构,并支持服务识别工作。因此,选择网络图模型来描述作战流程,主要是为了针对服务识别目的对作战流程进行优化,分解或聚合出服务特性的天基信息服务,同时也可为未来后续的体系结构验证和评价等提供模型支持。

1. 天基信息应用流程的网络图定义

基于网络图的作战流程模型是由节点和有向边(也称连接弧)两种最基本的元素构成的,节点代表作战流程中的基本活动,连接弧描述节点之间的拓扑关系,即作战活动间的逻辑顺序规则。借助图论的知识,网络可以用图 $G = <V, E>$ 来表示,其中, V 是网络中节点(也称顶点)的集合,而 E 是节点之间的有向边(连接弧)的集合。对于天基信息作战应用流程,其所对应的网络图中,顶点 V 表示网络中的各个节点,如卫星、处理中心等,用来完成一定功能的作战活动,如信息获取、信息处理等;而有向边 E ,即连接弧,是系统节点之间的相互连接与相互作用,是系统的网络结构,在信息时代的网络化作战模型中,绝大多数的链路代表了节点之间在作战意图驱动下的作战交互行动。

1)节点

如前所述,天基信息服务体系的逻辑节点分为五类,其中管理与监控节点用于管理和监控其他节点的动态,属系统节点,在进行服务识别时并不涉及,其余四类节点从其在作战流程所提供的功能和作用的角度进行划分,可重新分为四类,共同构成网络图中的顶点集合 V 。

（1）航天器/卫星节点：用于接收指令，执行作战任务，如信息获取、导航定位等；并把这些信息转发或下传给数据中心、用户或信息处理节点。

（2）信息处理与分发节点：接收来自其卫星获取的信息，按照用户需求进行融合、处理和综合，并把处理后的综合信息转发或下传给数据中心、用户。

（3）指挥控制节点：接收用户情报请求信息，并对用户请求进行分级、分类等；进行任务规划，制定作战根据需要，发送指令到卫星，指挥控制卫星实施作战任务。指挥控制节点包括指控中心、地面站、测控站（中心）等。

（4）用户节点：提出情报请求，接收并应用情报信息，或应用功能软件，进行情报处理的操作等。

2）连接弧

天基信息作战应用流程中的连接弧表示情报信息或指控信息在节点间的流动，可分为用户请求信息、情报信息、指控信息三种，共同构成网络图的边（连接弧）集合 E。

2. 从作战流程到网络图的映射

从节点自身的功能上分，把节点分为基本节点、复合节点和标志节点（图3-8）。其中，基本节点是节点的一般形式，当节点的输入输出均只有一条连接弧时，采用该节点形式，简称为节点；复合节点包括"与节点"和"或节点"，它们有多个输入弧或输出弧，也就是说，此类节点的活动与多个节点的活动相关，它们既描述了活动，又描述了活动的逻辑关系；标志节点包括开始节点和结束节点，是有向图的入口和出口，不表示具体的作战活动，表示实际作战过程的开始和结束。

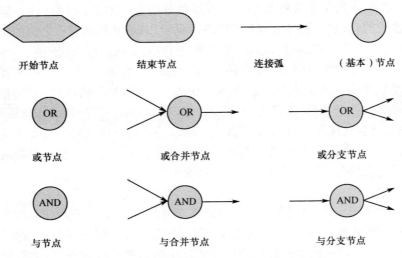

图3-8　作战流程网络图模型中的节点、连接弧形式

64

在进行网络图建模时,有文献将网络图的连接弧分为(普通)连接弧和条件连接弧两种,其中,条件连接弧用于表达节点间逻辑关系,只有在满足某种条件时才成立。在这里,采用网络图模型来表示作战过程的根本目的是为了进行服务识别,采用网络图形式来描述作战流程,是为了利用图论的相关理论和方法来进行节点间相关关系分析等,可以认为在一定条件下的相关关系存在就意味着相关关系存在,因此,可以仅用连接弧来统一表示有条件或无条件的连接关系。

这样,天基信息作战过程的执行结构可分为四种基本形式:顺序执行、选择执行、并行执行和重复执行,如图 3-9 所示。

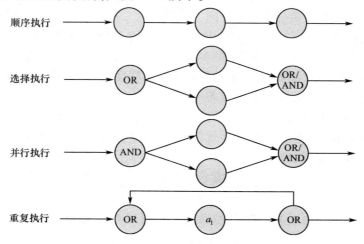

图 3-9　天基信息作战应用过程的执行结构形式

其中,顺序执行表示一个作战活动执行结束后另一个活动可以开始执行,它用一条弧连接相关的两个活动;选择执行表示在多个路径上选择一条路径执行,它用一个或分叉结构表示,每个分支路径关联一个条件表达式,在选择执行路径时,要根据计算结果选择其中的一条执行路径;并行执行定义了多条独立的执行路径,它用一个与分叉结构表示,并行执行没有强制两个不同路径上的活动同时执行,而是说这两个活动的执行是独立的,它们可以以任意的次序执行,与合并用来同步输入进来的多条路径,表示并行执行的路径在这个节点同步;重复执行是一个或一组活动反复地被执行直到满足某个条件。活动后面的或节点有两个输出弧,其中一条弧上关联有条件表达式,它表示重复的条件,当该条件为真时,重复执行结束。

这四种执行结构可以作为军事领域作战流程执行的基本结构,所有表示作战流程的网络图,无论多么复杂的流程,都可由这四种基本执行结构组合而成。

3.3.2 天基信息应用流程优化规则与算法

1. 天基信息应用流程优化规则

为了完成优质服务的识别,需要按照服务设计原则对天基信息应用流程进行优化,为此,本节设计了作战流程优化规则,使得转换后的作战流程中的每一个新的活动(节点)都满足服务特性,成为优质的候选服务。需要说明的是,这样的转换考虑的是作战活动之间的逻辑关系,而非地理空间关系,而且优化并不改变作战流程,而是通过节点的聚合和分解达到服务识别的目的。

作战流程的转换分为两个方向:一是聚合,二是分解。这两个不同的方向都是为了提高节点内部功能的聚合性,降低服务之间的耦合度。合并就是将作战活动之间关联程度高、规模较小的多个活动合并为一个活动,使得原先错综复杂的关联关系被隐藏起来,合并后的活动外部关联度降低。分解就是将规模较大、外部关联度高的作战活动分解成若干个子活动,分解后的每个子活动都应具有一定的逻辑意义,并且每个子活动内部关联程度高,子活动间关联程度低。这里定义两类天基信息作战流程转换规则,分别为聚合规则和分解规则。

(1) 聚合规则如下:

规则 1-1:两个串行执行的活动节点可以聚合为一个活动节点(图 3-10(a))。

规则 1-2:两个并行执行的活动节点可以聚合为一个活动节点(图 3-10(b))。

规则 1-3:两个选择执行的活动节点可以聚合为一个活动节点(图 3-10(c))。

规则 1-4:一个重复执行的活动节点可以转换为一个活动节点(图 3-10(d))。

规则 1-5:高耦合度交叉连接的复杂结构活动节点,在满足一定聚类规则条件下,可以通过网络拓扑聚类算法(将在下面描述)将其聚合为一个活动节点(图 3-10(e))。

(2) 与聚合规则相对应,分解规则如下:

规则 2-1:一个活动节点可以分解为两个串行执行的活动节点(图 3-10(a))。

规则 2-2:一个活动节点可以分解为两个并行执行的活动节点(图 3-10(b))。

规则 2-3:一个活动节点可以分解为两个选择执行的活动节点(图 3-10(c))。

规则2-4:一个活动节点可以转换为一个重复一次或多次的活动节点（图3-10(d)）。

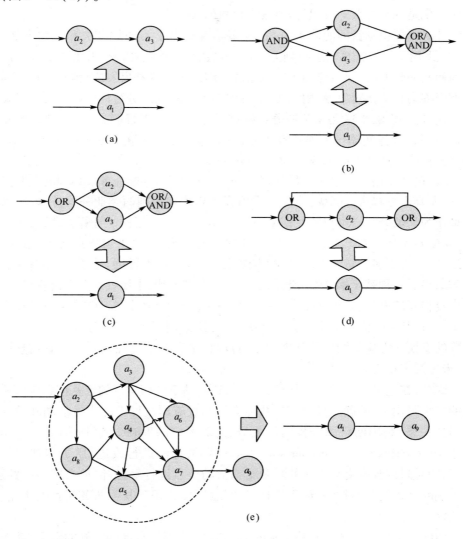

图3-10 天基信息作战流程转换规则

可以证明,如果一个作战流程的网络图 G 是正确的,则使用上述的转换规则后得到的作战流程有向图也是正确的;如果作战流程网络图 G 是不正确的,则使用上述转换规则得到的作战流程网络图也是不正确的。也就是说,这些转换规则不改变作战流程各功能节点间的逻辑关系和结构正确性。

2. 面向服务识别的网络拓扑聚类算法

规则 1-5 主要用于对高耦合度交叉连接的复杂结构活动节点进行聚合，规则的实现是一个复杂的过程，需要聚类算法的支持。

针对服务识别目的的聚类分析，许多学者提出了不同的聚类和优化方法。Jain 等采用了启发式算法进行划分，从分析层的对象模型出发，采用层次聚类法得到初始划分方案，然后应用预先定义的一组约束条件和启发式规则，如在不同聚类间移动和交换对象、新增聚类等，并对新方案的性能进行评价以实现对方案的优化，这种方法是建立在领域分析模型基础上的人工智能方法，规则较为复杂；Lee 等以业务实体作为样本点集合，以业务实体间关联的强度作为关联值，计算各实体与样本点间的权值，如果超过阈值，则将其与样本点放在同一个聚类中，并通过传递性等性质实现最终划分，但如何合理地判断业务实体间的关联强度，是需要重点解决的问题；徐玮等应用聚类算法来识别两类业务构件，以需求模型作为聚类分析样本点的数据来源，并给出样本点关联值的计算方法，通过引入"聚集点实体"的概念，改进识别业务构件的准确性，给出聚集点实体的选择方法，并考虑了多种特殊情况，这种方法业务类型的针对性强，普适性稍差；原欣伟等给出了一种基于耦合性分析的事务构件识别方法，主要针对业务过程模型，考虑过程间的串行、并行和耦合三种连接关系，识别出其中具有耦合关系的过程子集，并将其划分到同一个事务构件中，该方法采用了图的邻接矩阵法，通过对矩阵的变换和分块将图划分开来，但它将耦合定义表示过程之间存在着信息回路，未免过于狭义。

因此，在这里提出网络拓扑聚类算法，这是基于前面构造的天基信息应用流程的网络图模型，明确了天基信息系统支持作战应用过程中的作战活动和活动间拓扑关系，利用网络图分析的相关概念，对经典的 DBSCAN（Density – Based Spatial Clustering of Applications with Noise）聚类算法进行改进，用于实现规则 1-5，即对高耦合度交叉连接的复杂结构活动节点进行聚合，简单实用，针对服务识别问题，不仅能对作战流程进行优化，也同样适用于其他业务流程的优化，普适性强。

DBSCAN 是一种经典的基于密度聚类算法，它可以自动确定簇的数量，并能够发现任意形状的簇。它定义簇为密度相连的点的最大集合，是通过检查数据库中每个点的 Eps – 邻域来寻找聚类。其关键思想是：对于给定的半径 Eps > 0，簇内的每个点的 Eps – 邻域至少包含一个最小数目的点。即 Eps – 邻域的点必定超过某个阈值。DBSCAN 常用于空间数据聚类分析，其邻接的概念是基于距离（如欧几里德距离）的，是根据距离阈值来控制簇的增长，实际上，空间关系是空间实体之间由于空间位置和形状的不同而造成的相互之间的各种联系,空间关系有三种类型:拓扑关系、距离和方向。也就是说,对于网结构而言,网络拓扑关系也是一种邻接。显然,对于天基信息服务所需要的将多个紧耦合的作战活动聚合为一个服务,使用活动间的网络拓扑关系来替代基于距离的邻接更为合适,而作战活动间的网络拓扑关系可由图的邻接矩阵来判断。

在 DBSCAN 算法中将核心对象定义为:如果一个 Eps – 邻域至少包含最小数目 MinPts 个对象,则称该对象为核心对象。它定义簇为密度相连的点的最大集合,其中 Eps – 邻域是由距离函数决定的,距离函数一般选择曼哈坦距离、欧几里德距离等。考虑到服务识别的要求,这里设计的基于 DBSCAN 的网络拓扑聚类算法把簇定义为多种类型的拓扑型关联集合,邻接的概念是节点间的拓扑关系,即使两个节点间的空间距离很远,但只要它们之间有直接的信息传递和功能交互关系,就认为是直接相邻的,如卫星与地面站,相距上百千米,但若卫星获取的信息直接下传到地面站,即两者之间存在信息链路,则认为二者直接相邻。这样,网络拓扑聚类算法中核心对象可定义:如果一个节点至少与 MinPts 个节点直接相邻,则称为该节点为核心对象。

对于任意图 $G = <V,E>$,网络拓扑聚类算法如下:

(1)构造图 G 的邻接矩阵;令 $V_C = \Phi$, $V_L = V$ 。

(2)计算 V_L 中所有节点度数 k_i ,取度数最大值的节点为核心节点,若度数最大值的节点不唯一,则随机抽取任一度数最大值节点为核心节点;将核心节点 P 移出 V_L ,移入 V_C 。

(3)提取核心节点的相邻节点集 V_P 和边 E_P ,形成子图 G_P 。

(4)计算 G_P 中各节点度数,若节点度数 ≥ MinPts – 1,则将该节点移入 V_C ,否则移入 V_L ;重复,直到遍历 G_P 中所有节点。

(5)取 V_C 中的其他节点作为核心节点,返回(3),直到遍历 V_C 中所有节点。

(6)转(2),直到遍历 V_L 中所有度数 ≥ MinPts 的节点或 $V_L = \Phi$ 。

经过网络拓扑聚类后形成的簇实际上是一个有着复杂拓扑关系、耦合紧密的子图,可将其收缩为一个节点,对应于一个高内聚、松耦合的候选服务。

应用网络拓扑聚类实现规则 1 – 5,进行节点合并的过程可分为五步:

第一步,构建邻接矩阵。图 G 的邻接矩阵是一个 $n \times n$ 维的矩阵,记为 $A(G)$ 。 $A(G)$ 中的任意元素 a_{ij} 表示 v_i 与 v_j 的邻接关系:

$$a_{ij} = \begin{cases} 1 & (\forall <i,j> \in E) \\ 0 & (其他) \end{cases} \qquad (3-1)$$

第二步,计算每个节点的度。图 G 中节点 v_i 的度 k_i 定义为与该节点连接的其他节点的数目。在不同的有向图网络中,度所代表的含义不同,在社会网络中,度代表个体的影响力,度越大表示其影响力越大。这里的度表示作战活动间的耦合关系,度越大,耦合越紧密。

$$k_i = \sum_{j=1}^{n} a_{ij} + \sum_{j=1}^{n} a_{ji} \qquad (3-2)$$

第三步,确定聚类算法的 MinPts。

计算节点的聚类系数,并求其平均值,取聚类系数大于平均值的最小节点度数为 MinPts。聚类系数是用于测度节点聚群特性的特征量,若图中的一个节点 v_i 有 k_i 个邻居节点,这 k_i 个节点之间实际存在的边数 E_i 和总的可能的边数 $\frac{k_i(k_i-1)}{2}$ 之比就定义为节点 v_i 的聚类系数 C_i,即

$$C_i = \frac{2E_i}{k_i(k_i-1)} \qquad (3-3)$$

整个网络的聚类系数就是所有节点的聚类系数的平均值。

第四步,应用基于 DBSCAN 的网络拓扑聚类算法进行聚类。

第五步,将聚类后的簇合并为一个节点,识别为一个候选服务。

设 $G = <V,E>$ 为一网络图,$G_1 = <V_1,E_1>$ 是 G 的一个子图($V_1 \in V$ 且 $E_1 \in E$),则在 G 中将 G_1 聚合为一个节点后得到的新图 $G' = <V',E'>$ 的定义如下:

(1) $V' = (V - V_1) \cup \{v\}$,其中 $v \notin V$ 且 $v \notin V_1$,表示聚合后的顶点。

(2) $E' = \{ <v_1,v_2> | <v_1,v_2> \in E$ 且 $v_1,v_2 \in V - V_1 \} \cup \{ <u,v> | v$ 为聚合后的顶点,且 $\exists v \in V_1$,$<u,v_1> \in E \} \cup \{ <v,u> | v$ 为收缩后的顶点,$u \in (V - V_1)$ 且 $\exists v_1 \in V_1$,$<v_1,u> \in E \}$。

下面通过一个实例说明算法的应用。

对于某一作战活动流程,其网络图模型如图 3-11 所示。

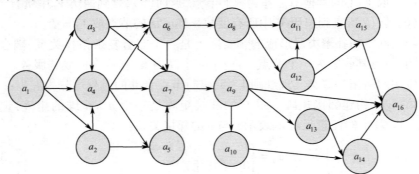

图 3-11　某作战活动流程的网络图模型

根据式(3-1),可得图3-11的邻接矩阵如下:

$$
\boldsymbol{A(G)} =
\begin{bmatrix}
0 & 1 & 1 & 1 & 0 & 0 & 0 & 0 & 0 & 0 & 0 & 0 & 0 & 0 & 0 & 0 \\
0 & 0 & 0 & 1 & 1 & 0 & 0 & 0 & 0 & 0 & 0 & 0 & 0 & 0 & 0 & 1 \\
0 & 0 & 0 & 1 & 0 & 1 & 1 & 0 & 0 & 0 & 0 & 0 & 0 & 0 & 0 & 1 \\
0 & 0 & 0 & 0 & 1 & 1 & 1 & 0 & 0 & 0 & 0 & 0 & 0 & 0 & 0 & 0 \\
0 & 0 & 0 & 0 & 0 & 0 & 1 & 0 & 0 & 0 & 0 & 0 & 0 & 0 & 0 & 0 \\
0 & 0 & 0 & 0 & 0 & 0 & 1 & 1 & 0 & 0 & 0 & 0 & 0 & 0 & 0 & 0 \\
0 & 0 & 0 & 0 & 0 & 0 & 0 & 1 & 0 & 0 & 0 & 0 & 0 & 0 & 1 & 0 \\
0 & 0 & 0 & 0 & 0 & 0 & 0 & 0 & 0 & 1 & 0 & 0 & 1 & 0 & 0 \\
0 & 0 & 0 & 0 & 0 & 0 & 0 & 0 & 0 & 1 & 0 & 1 & 0 & 0 & 0 & 1 \\
0 & 0 & 0 & 0 & 0 & 0 & 0 & 0 & 0 & 0 & 0 & 1 & 0 & 0 & 0 \\
0 & 0 & 0 & 0 & 0 & 0 & 0 & 0 & 0 & 0 & 0 & 0 & 1 & 1 & 0 \\
0 & 0 & 0 & 0 & 0 & 0 & 0 & 0 & 0 & 0 & 1 & 0 & 0 & 1 \\
0 & 0 & 0 & 0 & 0 & 0 & 0 & 0 & 0 & 0 & 0 & 0 & 0 & 1 \\
0 & 0 & 0 & 0 & 0 & 0 & 0 & 0 & 0 & 0 & 0 & 0 & 0 & 1 & 0 \\
0 & 0 & 0 & 0 & 0 & 0 & 0 & 0 & 0 & 0 & 0 & 0 & 0 & 0 & 1 \\
0 & 0 & 0 & 0 & 0 & 0 & 0 & 0 & 0 & 0 & 0 & 0 & 0 & 0 & 0 & 1
\end{bmatrix}
$$

计算节点的度数和聚类系数,对其进行耦合度评价(表3-1)。

表3-1　实例的度数和聚类系数计算结果

节点号	度	聚类系数	节点号	度	聚类系数
1	4	0.033	9	4	0.033
2	3	0.025	10	2	0.017
3	4	0.033	11	3	0.025
4	6	0.050	12	3	0.025
5	3	0.025	13	3	0.025
6	4	0.033	14	3	0.025
7	5	0.042	15	3	0.025
8	3	0.025	16	4	0.033
平均聚合系数	0.030				
平均度	3.56				

确定 MinPts 的值:取聚类系数大于平均值的最小节点度数为 MinPts,本例中,MinPts=3,通过网络拓扑聚类算法的聚类,可得到三个簇:

$G_1 = \{V_1, E_1\}$,其中 $V_1 = \{a_1, a_2, a_3, a_4, a_5, a_6, a_7\}$;

$$G_2 = \{V_2, E_2\}, 其中 V_2 = \{a_9, a_{10}, a_{13}, a_{14}, a_{16}\};$$
$$G_3 = \{V_3, E_3\}, 其中 V_3 = \{a_8, a_{11}, a_{12}, a_{15}\}。$$

按照第五步,将 G_1, G_2, G_3 分别聚合为图 G 的一个节点,可得到一个高内聚、松耦合的业务流程,每一个新的节点可以直接识别为服务(如图 3-12 所示,为图示方便,将图 3-11 中部分节点的位置有所调整,拓扑关系未变)。

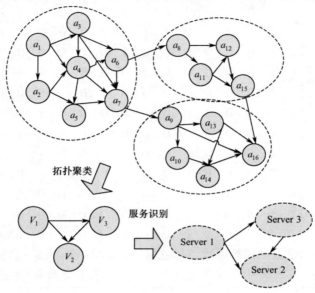

图 3-12 业务活动的拓扑聚类及服务识别

对聚类前后节点的平均度和度分布进行比较,节点的平均度为各节点度数的平均值 $\bar{k} = \dfrac{\sum_{i=1}^{n} k_i}{n}$,节点度分布表示指网络中节点度的分布情况,$P(k)$ 表示度数等于 k 的节点出现的频率(或概率)。聚合前后数据比较如图 3-13、图 3-14 所示。

可以看出,聚合后节点的平均度降低,说明节点间的耦合度有较大改善;节点度分布均匀,已不存在高耦合度节点。

面向服务识别的网络拓扑聚类算法支持了流程优化规则 1-5 的执行,结合其他 8 项分解和聚合规则,将完成服务识别第二阶段的工作,可以将客观存在的作战流程按照服务识别的要求进行优化,优化后的每一个节点可以实现一个相对独立的服务功能,满足松耦合、高内聚的服务特性。结合服务识别过程第一阶段资源能力的分析,就可以进入服务识别的第三阶段,即通过人工参与,在规则和算法的支持下,完成天基信息服务的识别。

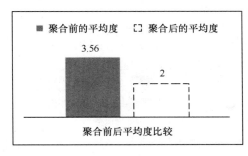
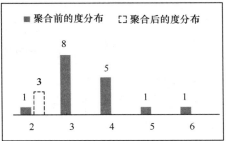

图 3 - 13　聚合前后节点平均度比较　　　　　图 3 - 14　聚合前后度分布比较

3.4　天基信息服务集及服务描述要素

3.4.1　天基信息服务候选服务集

在天基信息服务资源构成与能力分析的基础上,按照天基信息应用流程优化规则,结合网络拓扑算法的支持,可以获得一个天基信息服务体系的服务列表。另外,如前所述,为了保证天基信息服务体系的整体运转,还需要交互服务、流程服务、管理与监控服务、安全服务等,这些服务是对每一个作战服务体系所必需的,是公共服务,按照需要在体系功能结构设计时所提出的服务功能的基础上进行细化即可得到。服务集中的服务可以单独地履行一项特定的服务功能或一组任务,或同其他服务通过服务组合共同实现复杂的作战服务功能。目前关于服务组合的相关研究较多,不再赘述。表 3 - 2 为天基信息服务体系所能提供的主要服务列表,也称候选服务集。

表 3 - 2　天基信息候选服务集

信息服务	信息获取服务	侦察信息获取服务	可见光图像信息服务
			红外图像信息服务
			多光谱图像信息服务
			超光谱图像信息服务
			SAR 图像信息服务
			电子特征信息服务
		预警信息获取服务	
		环境信息获取服务	地形地貌信息获取服务
			电磁环境信息获取服务
			气象信息获取服务

信息服务	信息接收与转发服务	信息（数据）接收服务
		信息（数据）转发服务

信息处理与综合集成服务	侦察信息处理与综合集成服务	数据预处理服务
		图像判读与标注服务
		雷达信号分析处理服务
		通信信号分析与处理服务
		可见光与 SAR 成像数据融合处理
		电子与成像侦察数据融合处理
		雷达与通信侦察数据融合处理
		多源数据融合服务
	预警信息处理服务	目标检测预识别服务
		弹道预测服务
		导弹落点预报服务
	环境信息处理服务	气象信息处理服务
		地形地貌信息处理服务
		电磁信息处理服务
	目标信息编目服务	
	信息综合集成服务	
	综合态势生成与显示服务	
	数据挖掘服务	

数据存储与管理服务	数据存储服务
	数据更新服务
	数据删除服务
	数据显示服务

信息访问服务	信息检索服务
	信息下载服务

信息传输服务	语音传输服务
	指令传输服务
	数据传输服务

时空基准服务	位置服务
	时间服务
	路径规划服务

74

指挥控制服务	用户请求管理服务	用户请求收集与管理服务	
		用户请求优先级评价服务	
	任务规划与资源调度服务	任务规划服务	
		指令生成服务	
	效能评估服务	目标毁伤效果评估服务	
		卫星作战效能评估服务	
	卫星状态服务	己方卫星能力服务	己方卫星编目服务
			己方卫星状态服务
		敌方卫星能力服务	敌方卫星编目服务
			敌方卫星状态服务
		卫星预报服务	
交互服务	基本交互模式管理		
	用户接口服务		
	服务组合规则管理服务	增加服务组合规则	
		更新服务组合规则	
		删除服务组合规则	
流程服务	服务流程管理服务	增加服务流程	
		更新服务流程	
		删除服务流程	
	服务模式管理服务	增加服务模式	
		更新服务模式	
		删除服务模式	
管理与监控服务	用户管理与监控服务	用户注册服务	
		用户登录服务	
		用户权限管理服务	
		用户需求跟踪与管理服务	
	服务管理与监控服务	服务资源注册服务	
		服务质量监控服务	
	网络管理与监控服务	网络流量监控服务	
		网络服务质量监控服务	
安全服务	通信协议管理服务		
	安全认证服务		
	防病毒入侵服务		
	数据加解密服务		

随着天基信息系统的发展,其新增加的资源和能力将同样按照服务特性进行识别,补充进入天基信息服务体系候选服务集中。

3.4.2　天基信息服务描述要素

服务描述主要是通过服务要素来描述用户使用服务时所需的全部细节,而隐藏实现服务的细节,允许基于不同的硬件、软件平台和编程语言来开发和使用服务。目的是在异构系统和异构数据之间实现通信和共享的标准化,使得天基信息服务能够通过标准化的接口和功能描述实现服务的共享和协同。

目前进行服务描述的常用规范是 WSDL(Web Service Description Language,Web 服务描述语言)和 UDDI(Universal Description,Discovery and Integration,统一描述、发现和集成)。WSDL 是服务描述的基础规范,是一种供计算机处理的用于描述 Web 服务及其函数、参数和返回值的正规描述文档。在 WSDL 中 Web服务被分为抽象和具体两个基本层次来进行描述。在抽象层中,WSDL 用服务发送和接收的消息来描述 Web 服务;在具体层中,binding 指定了一个或者多个interface 的传输端口和传输格式的细节,endpoint 通过 binding 与一个网络地址关联,service 则包含了实现共同接口的 endpoint;同时,还包含了传递消息的 type信息。UDDI 是 Web 服务的信息描述、发布和查找规范,其目的是表述 Web 服务的数据和元数据,用来为使用 Web 服务的用户提供其所需要的信息。UDDI的信息模型是由下述实体类型的实例组成的:businessEntity,描述发布服务的企业或者其他组织,内容包含如名称、概述、联系信息、分类信息等;businessService,描述由 businessEntity 描述的组织所提供的服务业务功能信息;bindingTemplate,描述使用某个服务所需要的技术信息,包括服务编程 API 的引用;tModels,描述诸如服务采用的分类法、传输端口、数字签名等其他属性;publisherAssertion,描述注册库中实体之间的关系;subscription,描述了一个了解 subscription 描述的实体变化的标准的请求。

在服务描述规范的指导下,张君泉构建的描述模型将 Web 服务的描述内容分成语法部分和语义部分,为服务基本信息、服务提供者信息、服务的物理信息、服务功能语义信息等四类,并对每一种信息的描述方式提出了指导性意见。魏巍针对情报信息服务的特性、信息型服务的类型特点和军事应用对服务安全、访问控制等方面的要求,提出了语用信息、语义信息和语法信息三个层次的全信息模型,分层描述服务的基本信息、效用和质量,系统能够提供情报的能力和数据内容及其规格,访问及与其交互的技术细节等三大方面的描述信息。借鉴以上研究成果,结合天基信息服务的特点,这里将天基信息服务描述的要素分为服务基本信息、功能属性和质量属性三部分,如图 3 – 15 所示。

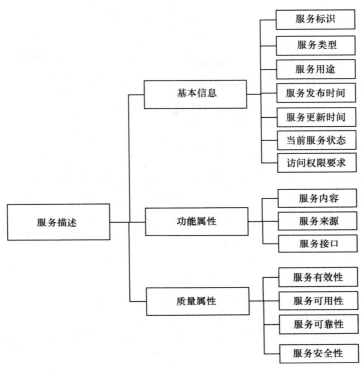

图 3 – 15　天基信息服务描述要素

第一部分是服务基本信息,用于对服务进行总体上的描述,说明服务是什么,主要包括服务标识、服务类型、服务用途、服务发布时间、当前服务状态、访问权限要求等,是进行服务选择的基本依据,根据这些信息可以初步判断该服务是否是用户所需要的。

第二部分是功能属性,用于对服务所提供的功能进行详细描述,说明服务能做什么,用户如何用,主要包括服务功能的详细描述(根据服务类型的不同,进行相应的要素描述,如图像信息服务中,要对图像描述的区域、图像尺寸、分辨率进行描述)、服务来源、服务接口(输入/输出描述)等,这部分内容是服务描述的核心内容,根据这些信息用户可以进一步对服务内容进行判断,并获得应用服务的方式。

第三部分是质量属性描述,用于对所提供服务的质量特性进行描述,说明服务能达到的效果,主要包括服务的有效性、可用性、可靠性、安全性等。随着天基信息服务体系所能提供服务数量的逐渐增多,就会出现多个服务提供者提供相同功能服务的情况,而这些服务往往具有不同的服务质量,这样就需要对可用服务进行选择,服务质量特性可以为服务选择提供依据。

第4章 天基信息服务请求
表述与优先级评价

　　天基信息服务请求是指天基信息用户因职责、任务和实际作战需要对天基信息产生的一种愿望和要求。美空间联合作战条令2009指出："空间力量能给联合部队提供多种能力……航天部队同时支援多个用户，但需作大范围的协调、规划工作，并在早期对需求和能力进行整合。"天基信息服务体系从结构上实现了天基信息服务的共享与协同，在这样的一个结构支持下，用户如何提出合理的、规范的、能被理解的服务请求，空间协调机构如何对用户请求进行整合和分析，进行优先级评价，支持天基任务规划，是本章研究的重点。下面首先针对各类用户对天基信息服务的请求进行分析，建立服务请求描述模型，使用户可以清楚并规范地表达需求，系统可以更好地理解和满足用户请求，提高服务的针对性和有效性。

4.1　天基信息服务请求的特征分析

　　用户对天基信息服务请求具有多样性、综合性、动态性和不完备性特征。

1. 天基信息服务请求的多样性特征

　　用户对天基信息服务的请求具有多样性，这种多样性是由于天基信息用户在作战中承担任务的多样性和作战环境的不确定性所决定的。与陆基、海基等其他信息服务不同，天基信息服务对象是全军的各级各类用户，这些用户对天基信息服务的请求因作战职能、作战任务和作战环境的不同而存在较大差异，呈现出多样性。

2. 天基信息服务请求的综合性特征

　　天基信息服务资源的能力相对单一，而用户的需求往往是综合性的。如指挥控制类用户，需要大量的信息来消除各种不确定性，降低决策风险，因此需要多种服务共同支持，以保证决策的正确性。如在进行打击决策时，不仅需要目标信息，地形地貌信息和气象信息等也是重要的决策依据，这样就需要成像侦察信息服务、电子侦察信息服务、环境探测信息服务等，以满足指挥决策需求;有时还需要信息处理功能服务对所得到的服务信息按自己的需要进行综合处理等,单一服务资源难以满足,需要对各类服务综合应用。

3. 天基信息服务请求的动态性特征

战场是瞬息万变的,用户对信息的请求也随作战环境和作战进程的变化而变化。如指挥控制在作战准备阶段、作战阶段和作战效果评估阶段对天基信息服务的请求在种类、时空范围和服务质量方面都会发生变化,具有明显的动态性特征。

4. 天基信息服务请求的不完备性特征

由于战争的紧迫性,用户对服务的要求一般来讲都是希望越快越好的,时效性要求较高。虽然用户在提出服务请求之前要制定情报需求计划等,以期望所需情报信息能及时准确地传递,但是由于战争的不可预测性,用户很难准确、完整地提出自己的所有需求,这样就造成了请求的不完备性。

4.2 天基信息服务请求类型与质量要求

与陆基、海基、空基信息服务相比,天基信息服务具有不受国界和地理条件限制、覆盖范围广,可全天时、全天候、全空域提供,获取的信息时效性好等优点,不仅能满足战略战役的信息保障需要,而且对军事行动也提供了强大的支持。天基信息系统所提供的信息支援服务接入海、陆、空军事行动,为其提供侦察监视、通信保障、导弹预警、导航定位等信息支援保障,为指挥决策,以及相应的陆、海、空、第二炮兵武器平台提供完备的信息支持。天基信息服务对象范围较广,包括各级指挥人员、指挥机构、信息化武器装备,甚至单个作战士兵,若从服务对象的角度进行请求内容分析,则可能会因为服务对象的个性化请求较多而难以抽象出相对统一的服务请求。但是,无论是什么样的服务对象,天基信息的服务目的无外乎辅助指挥控制和武器系统作战两类,即便是单个作战士兵,其请求天基信息服务支持的目的也是感知其作战环境,明确自身和友邻的位置和状态等,辅助其自身行动的决策与控制,因此,下面主要针对指挥控制和武器系统作战两类服务对象,从服务请求的类型和服务质量两个方面详细分析用户天基信息服务的请求内容。

需要说明的是,虽然对于作战服务而言,时间是评价服务质量的重要指标,但事实上,军事行动必须在合适的时机展开,而这种时机将会随局势和环境的变化而变化,因此没有一个简单的"最佳"反应时间。在计划审慎的军事行动中,如地面作战,部队调动则需要更多的时间,但数分钟的反应时间(如炮兵射击、火箭弹、近距离空中支援等)或数小时的反应时间(如部队调动、重新装备、构筑防御工事等)可能足够了。对于有些领域,如传统的潜艇战、战略部署或信息作战等,数天或数周可能是适当的反应速度。因此,在分析服务质量请求时,时效性要求不作为重点。

4.2.1　指挥控制

天基信息服务对指挥控制有着重要的作用。美军空间作战条令中明确指出,天基信息与来自地基、空基和邻近空间平台的侦察信息综合,提供计划、实施和评估循环中所需的认知和情报。为了实现作战单元作战行动之间的自同步和自主协同的指挥控制,指挥员/指挥机构不仅要关注辖区内的敌我态势变化,还要关注友邻部队的行动和周边的态势变化,使得指挥控制对天基信息服务在范围和质量上都有了更高的要求,要在有限的时间内,获取准确、必要、完整的情报信息作支撑,使信息流处于自由流通状态,从而实现信息共享、感知共性乃至决策共享。

不同的作战任务,指挥控制所需要的天基信息服务在服务种类、时空范围和时效性要求方面存在差异;不同层次指挥机关对服务的请求也不相同,如战略层次的指挥控制与战役层次的指挥控制相比,实施战略层的指挥控制任务需要掌握反映整个战场情况的信息,对天基信息服务的请求较为广泛,而且还要综合陆基、海基和空基信息辅助决策,对信息处理功能也有需要,但对信息的时效性要求可相对低一些。总体来讲,指挥决策信息应具备以下特点:

(1)信息要能够反映出战场态势,使战场全时全域地向己方透明。在各种作战平台,包括配备大量电子信息装备的空中、地面、水下以及天基平台中,位于空间的侦察系统是最具地理位置优势和最重要的信息节点,可以大范围、快速准确地获取、处理和传输信息,成为战场中最重要的信息源,为指挥人员提供实时的战场信息,将陆、海、空、天、电(磁)多维战场连接成一体化战场,实时全域监视整个战场,便于指挥人员及时处置战场情况。

(2)信息要能够较好地服务于指挥决策。正确的决策源于正确的判断,正确的判断源于正确的情报。正确决策的形成对情报提出了及时、准确、完整的要求。在瞬息万变的信息化战场上,对决策情报信息的搜集,天基信息系统成为重要的一环。美军在近几场局部战争中,绝大部分情报信息都是由其天基信息系统提供的,为指挥决策提供了有力的依据。

(3)信息的传输要及时、安全、可靠。不仅获取的信息源要能够近实时传输到情报处理中心,而己方需要传送分发的信息更要及时、安全、可靠地传送到目的地,特别是作战指令要能够迅速、准确地下达和接收,确保指挥稳定不间断。要保证各级指挥机构与所属部队之间进行快速、可靠、保密的战场信息传送,使作战体系中的各个分系统联结成一个有机的整体,从而最大限度地发挥各军兵种的整体作战效能。下面分别从服务请求类型和服务质量要求两个方面分析指挥控制对天基信息服务的要求。

1. 服务请求类型

美军将指挥控制的主要职能分为四种:确定意图,确定任务、责任及关系,确定规则与限制,监视与评估态势及进展。

(1)确定意图:对作战目的以及期望的最终状态的简明表示,是最初的计划编制过程的推动力。还包括己方指挥官对敌方指挥官意图的评估、作战期间可以承受的风险。

(2)确定任务、责任及关系:确定并分配不同作战实体的任务,明确实体的关系及交互内容和方式。

(3)确定规则与限制:规则和限制既是固定的又是变化的,固定的行为准则与限制是人性的反映或表现、文化的表示;变化的行为准则与限制则与具体的情况(如交战规则)相关。

(4)监视与评估态势及进展:观察战场环境的动态变化。

天基信息服务体系所提供的强大的服务能力对指挥控制的这四项职能均有较大的支持,可以说,天基信息系统提供的各类服务是指挥控制所需服务的重要组成部分,为指挥员制订作战计划、决策等提供了有力的支持。根据指挥控制的职能,可将指挥控制对天基信息的服务内容请求进行分析,获得不同类型的天基信息服务请求,见表4－1。

表4－1　指挥控制对天基信息服务请求的类型与内容

指挥控制职能	服务请求类型	服务请求内容
确定意图	战场环境信息服务	所辖战区的气象信息、地形地貌信息等
	敌方威胁与作战意图信息服务	需要对目标进行持续的跟踪监视,以获得敌方的部队集结、阵地转移、导弹发射等症候与预警信息
	敌方空间目标监视信息服务	对敌方侦察卫星进行跟踪监视和编目,获得其能力及对我方的覆盖范围和时间等预报信息
	敌方地面目标信息服务	敌方目标信息,尤其是指指挥所、发射阵地、机场、港口、桥梁等,信息内容包括目标位置、形状、抗毁性、伪装与防护手段、可能的动向等
	通信保障服务	指挥控制信息、情报信息的传输
	信息处理功能服务	综合处理和集成各类信息

指挥控制职能	服务请求类型	服务请求内容
确定任务、责任及关系	敌我兵力部署及作战能力	包括敌我双方的主要兵力部署；大型武器装备的配置；阵地编成情况；敌重兵集团的配置地域、种类、数量及可能使用的方向；敌指挥机构位置等
	敌方重要目标信息	根据作战意图初步确定的敌方重点目标包括指挥所、发射阵地、机场、港口、桥梁等，信息内容包括目标位置、形状、抗毁性、伪装与防护手段、可能的动向等
	通信保障服务	指挥控制信息、情报信息的传输
确定规则与限制	战场环境信息	所辖战区的气象信息、地形地貌信息等
	敌我兵力部署及作战能力	包括敌我双方的主要兵力部署；大型武器装备的配置；阵地编成情况；敌重兵集团的配置地域、种类、数量及可能使用的方向；敌指挥机构位置等
监视与评估态势及进展	战场态势信息服务	双方兵力的实时位置、状态和损耗变化

从表 4-1 可以看出，指挥控制所需的服务常常是综合性较强的，可能是多种信息在同一个时间基准下的综合，如战场环境信息服务，目的是提高指挥控制所需信息的可靠性和完整性；也可能是某类信息按时序进行的综合，如敌方威胁与作战意图信息服务，用以反映某种趋势或作战意图。可以说，指挥控制的真正挑战就是综合，这就要求能以一种最大限度地从整体上利用服务资源的方式，提高信息共享水平和信息同步水平，使得各个方面的活动能够同步、统一，从而达到协同。

2. 服务质量要求

1）空间分辨率要求

对于成像侦察信息，用户请求的主要是能够获取大范围的战场态势信息和高分辨率的目标图像信息。根据现有军事图像判读经验和水平，当可见光和微波成像（SAR）侦察的成像地面分辨率达到 0.3 ~ 0.5m 时，即具备对机场设施、港口、码头、道路、桥梁、岸滩、雷区、指挥所及通信设施等大型目标的发现、识别及确认能力，同时也具备对水面舰艇、飞机、导弹阵地、坦克、火炮、车辆、仓库等军事目标的发现和识别能力；当地面分辨率达到 0.1m 时，则可以发现、识别和确认几乎所有军事目标的信息。为满足指挥决策的情报保障需求，成像侦察信息需满足如下指标：普查型可见光成像侦察地面像元分辨率达到 0.3m，详查型可见光成像侦察地面像元分辨率达到 0.1m；SAR 侦察地面分辨率达到 0.3m，并具备全天候和全天时侦察能力及对移动、隐蔽和伪装目标的侦察能力;红外成像侦察地面像元分辨率达到1m,并具备夜间侦察和揭露伪装的能力;高光谱成像侦察地面像元分辨率优于5m,光谱分辨率5~10m,并具备揭露伪装和隐蔽目标的能力。对于电子侦察信息,用户请求的主要是:侦收敌方的雷达信号,测定其战术技术参数、位置,判明其类型、用途以及与之相关的指挥机构、防空系统、武器系统的配置情况;侦收、分析敌方的遥控、遥测信号,掌握其战略武器系统及可能使用的特殊武器的性能、配置情况;截获敌方的无线电通信,获取其作战企图、可能采取的行动及行动时机等情报;监视敌电磁辐射源的变化情况,获取其电子设备配置和活动规律等情报,进而掌握其指挥系统的建立情况。为满足上述需求,天基电子侦察目标定位精度不低于2km(CEP),频度范围为0.4~6GHz和9~12GHz。对于海洋监视信息,用户请求的主要是利用海洋监视卫星进行电子侦察和成像侦察,发现和识别海洋目标,确定其位置、航向和航速等信息,并提供海洋监视信息。对于空间目标监视信息,用户请求的主要是利用空间目标监视系统对空间目标进行探测跟踪、定轨预报、识别编目、侦收分析,以获取情报,并提供空间目标监视信息。

2)时间分辨率要求

在作战准备阶段,决策周期较长,可能需要数天、数周乃至数个月;在作战实施阶段,决策周期则较短,可能只有数小时、数分钟的时间,有时甚至需要立即作出决定。因此,在作战准备阶段,侦察监视信息达到1~2次/日的时间分辨率,即可在遵循决策程序的情况下,满足决策需求;在作战实施阶段,覆盖整个战场区域的侦察监视信息达到1~2次/h的时间分辨率、重点作战地区和主要作战方向1次/10min乃至连续监视的分辨率,则可在决策周期内,提供决策支持。

3)信息共享与同步要求

要达到作战单元之间的系统与自同步,要求来自来某个传感器资源的天基信息能够同步传输到多个级别的指挥机关,并且每个部队都知道其他友邻部队的位置、状态和行动等,提高的信息共享水平和信息同步水平,使指挥员能自主地协调作战行动,并且能通过更有效的战场协同提高战斗力。这样就要求有相同天基信息服务需求的用户在作战筹划阶段提出明确的服务请求,使天基信息能同步传递给不同用户,实现信息共享。

4)信息的完整性要求

信息的完整性要求提供给指挥控制用户的信息具有高度的集成性。天基信息服务来自于多类、多个传感器资源和信息处理中心,每个资源的信息获取和能力有限,要达到提供完整而及时的服务信息,需要从四个方面进行集成,即跨梯队、跨功能、跨时间、跨地域的综合集成,这样就对信息传输服务和信息处理服务提出了更高的要求,需要统一协调各种资源,保证来自多个天基信息资源的服务能够以不用方式进行不同程度的集成,从而保证服务的完整性。

4.2.2 武器系统作战

武器系统作战对天基信息服务的需求是多种多样的。对于武器系统而言,主要是解决"看得远,看得清,打得准"的问题。因此,武器系统对天基信息服务请求的类型主要包括:目标信息、导航定位信息、气象信息、预警信息等服务。

(1)目标信息是武器系统作战的关键要素。现代武器系统作战,由于远程化和精确化而导致对目标信息的需求较之以往提高了几个数量级。不仅需要目标的地理位置坐标,还需要掌握目标的时间坐标,不仅需要了解它的光学特征,还需要了解它的雷达、红外特征,不但需要了解目标的本身特性,还需要了解目标的相关性。按照作战地域和天基信息系统可能提供的目标信息服务进行分类,可分为地面目标的情报信息、海上目标的情报信息、空中目标的情报信息和空间目标的情报信息四大类。地面目标的情报信息主要包括地理特征和军事情况。地理特征是指目标区域的地理特征,包括地貌主要地物(如河流、高地、制高点、植被、桥梁、树林、村庄等)的分布图及其相应的数据信息(如坐标、面积、长、宽、高、坡度、海拔等)。军事情况主要包括兵员数量、部队的配置位置坐标(区域),装备的类型、数量和配置位置坐标,目标点的坐标或目标区域的数据信息和图像信息、目标的运动特征参数信息、目标与目标之间的电磁信息等。海上目标的情况信息主要包括地理特征和军事情况。地理特征包括海水温度、海面能见度、浪高、潮汐、岛屿的数量、位置坐标及分布特征、岛上地理特征、海港码头的分布及大小(吞吐量)、港口内的目标活动情况及港口内目标的特征信息等数据和图像信息。军事情况包括兵员数量、目标(水面舰船与水下舰船)数量、目标的体积(吨位)参数、舰载武器的数量及类型、目标的位置坐标、目标的运动特征参数、岛上目标的情况、目标与目标之间的电磁信息。空中目标的情况信息主要指军事情况。军事情况包括目标(作战飞机、直升机、预警机及其他空中目标)数量、目标所载武器的数量及类型、目标的位置坐标、目标的运动特征参数、目标与目标之间的电磁信息。空间目标的情报信息主要包括一定区域内目标(卫星、航天器、空间站和空间武器等)的数量、类型、位置,携带的装备数量、类型,运动特征参数,目标与目标之间的电磁信息等。

(2)导航定位信息是指地面、海洋、空中和空间的用户通过所携带的相应设备接收导航卫星发出的信息,并由此确定自身的地理位置和运动速度。远程精确打击武器实施远程打击非常需要全天时、全天候、连续、实时的高精度三维定位、三维测速和精确时间信息,美国的全球定位系统(GPS)可使静态定位精度达到厘米级甚至毫米级,动态定位精度达到米级甚至亚米级;我国自行研制的"北斗"定位系统,可为我军各军兵种中低动、静态用户提供快速定位、简短数字报文通信和精密授时服务,主要适合于飞机和特殊用户的三类用户机,而对于速度更快的精确制导武器,还不能够精确导航定位,另外,精度与美国的 GPS 相比,差距也很大,还需要大幅度提高。

(3)气象是战场要素之一,对各种作战行动乃至战争的进程都有不同程度的影响和制约。随着军队编成的变化和武器装备的发展,气象对作战的影响、制约作用日益突出。准确地掌握和正确地运用气象条件,充分估计对部队武器装备效能以及遂行作战任务的影响程度,从而进行准确、及时、不间断的气象保障,是实施正确指挥、夺取作战胜利的重要因素之一。因此,武器系统对气象信息的需求是对未来某时段内各种天气系统的生消、移动和强度变化的预测,主要是气压场和流场的预报;要素预报是对某地区未来某时段内的气温、风、云、能见度、雾和降水、雷电等天气现象的预测,为作战行动做准备。

(4)预警信息主要用于早期发现来袭的导弹并根据测得的来袭导弹的运动参数预报导弹落点、提供足够的预警时间,同时给己方防御武器指示来袭导弹的发射阵位、方位角、实时飞行位置等。如在导弹防御系统中,预警卫星系统利用导弹在主动段较强的红外辐射特征,使用先进的被动红外探测设备接收这些红外辐射信号来发现目标。发现并跟踪目标后,预警卫星才能为导弹防御系统提供预警信息和弹道预报信息。

从平台中心战到网络中心战的一个关键变化就是协同与同步,不仅是指挥控制系统的同步,武器系统的作战行动也要做到自主协同和同步。要达到武器系统之间的自主协同,需要提高信息共享水平和信息同步水平。下面分别从服务请求类型和服务质量要求两个方面分析武器系统作战对天基信息服务的要求。

1. 服务请求类型

武器系统是战争任务的火力打击单元,其对天基信息服务的需求往往与武器的作战特点、作战任务和作战过程密切相关。如对于常规武器系统而言,主要用于目标指示、地形勘测、气象保障等,而对于信息化装备,尤其是远程精确打击武器,还承担着阵地定位、远程制导控制、电磁环境探测等信息保障任务。以巡航导弹打击敌方目标为例,巡航导弹关注的信息包括:目标的经纬度、高程、导弹巡航的最新地形匹配图、目标毁伤效能评估等;而对于履行战区导弹防御任务的反导系统,则需要了解发射架的位置、导弹及发射架的储藏地点;可能的机动线路、射击方位、来袭导弹飞行线路的精确信息。从作战过程来看,一般武器系统作战都分为战前准备、实施作战和作战效果评估三个阶段,三个阶段所需的服务信息类型可能相似,但信息质量和内容有着较大的区别。

总的来讲，武器系统对天基信息服务的准确性、精度和实时性有较高的要求，具有微观性、精确性和实时性等特征。下面以导弹武器系统作战为例，通过对作战过程的分解，分别分析不同作战阶段对天基信息服务请求的类型。

导弹武器系统作战可分为四个阶段，不同阶段对天基信息服务的请求是不同的。

（1）确定作战目标：在制定火力计划前，进攻方（红方）成像侦察卫星系统运用各种传感器（包括可见光、红外、微波、雷达等）对敌前线部队及纵深设施不断实行情报与电子侦察，通过测绘卫星和气象卫星对敌区实行地形侦察和气象侦察，并分别对获得的目标侦察信息、测绘信息、气象信息进行像素级和特征级的信息融合。然后，卫星将来自多种传感器的信息通过有军事通信卫星参与的战术 C⁴ISR 系统传至联合战术情报中心，对目标侦察信息、测绘信息、气象信息进行决策级的信息融合，得到战场态势分布图，指挥员据此决定打击目标，制定火力计划。

（2）进行射前准备：常规导弹发射阵地接受战斗任务，明确攻击目标。根据导航定位系统和惯性制导系统的定位信息进行阵地定位，必要时进行阵地机动以便实现全方位机动发射，并根据目标侦察信息、测绘信息对导弹进行预编程及装订弹道数据，做好发射前准备，导弹处于待发射状态。

（3）飞行制导与突防阶段：为了提高导弹武器的命中精度，提高作战效能，一些类型的导弹再用组合制导方式，在飞行中段增加了卫星制导，用于减少惯性制导的积累误差；在飞行末段增加卫星制导，对移动目标如航空母舰等进行实时目标指示，提高命中精度。

（4）打击效果评估：打击效果评估是导弹作战的一种迫切需求，主要是为了解决对远程作战的打击效果的侦察，为下一步的作战提供依据。它需要借助远程侦察手段，卫星是解决这个问题的最有效手段，可以被用来完成对常规导弹的打击效果评估，从卫星拍摄的图片上了解导弹的毁伤情况、敌人的损伤情况。在对导弹进行过一个波次打击后，应根据卫星回传的目标被打击情况图确定下一波次打击目标，重新决定瞄准点和每个瞄准点的弹数以及每个导弹的发射时机。最后，当导弹作战完毕后，应对打击目标进行侦察，根据卫星回传的目标被打击情况评估打击效果。

一般来讲，常规直瞄性武器所需天基信息内容简单，信息量较少，而现代的信息化装备，如远程精确打击武器对天基信息的需求则信息类型多，信息数量和信息质量要求较高，更为复杂、全面。为了全面描述服务需求，这里从确定作战目标、进行作战准备、实施打击、打击效果评估四个阶段对请求类型和内容进行分类，以期涵盖所有武器系统作战对天基信息服务的请求（表4－2）。

表 4 − 2　武器系统对天基信息服务请求的类型与内容

武器系统作战过程和任务	服务请求类型	服务请求内容
确定作战目标	战场环境信息服务	武器作战范围内的气象信息、地形地貌信息等
	敌方威胁与作战意图信息服务	需要对目标进行持续的跟踪监视,以获得敌方的部队集结、阵地转移、导弹发射等症候与预警信息(I&W)
	敌方目标信息服务	目标大小、形状和分布,目标区域内景象图,敌方目标信息,尤其是指指挥所、发射阵地、机场、港口、桥梁等,信息内容包括目标位置、形状、抗毁性、伪装与防护手段、可能的动向等
	通信保障服务	指挥控制信息、情报信息的传输
进行作战准备	打击目标信息服务	目标跟踪与定位信息、沿途地形测绘信息,用于预装订射击诸元
	阵地定位信息服务	阵地定位和定向信息
	地形测绘信息服务	主要针对巡航导弹地形匹配的制导方式,要求预装订战区内地形,特别是飞行沿途地形的测绘信息
	敌方空间目标监视信息服务	对敌方侦察卫星进行跟踪监视和编目,获得其能力和对我方的覆盖范围及时间预报信息
实施打击	地形测绘信息服务	主要针对巡航导弹地形匹配的制导方式,要求预装订战区内地形,特别是飞行沿途地形的测绘信息
	动态目标信息服务	对移动目标进行跟踪监视,获得实时目标指示信息
	武器制导控制信息服务	提供精确的实施位置、姿态和速度信息,对精确制导武器进行飞行制导控制
打击效果评估	目标毁伤信息服务	目标毁伤信息,包括毁伤中心位置、毁伤半径、破坏程度等

2. 服务质量要求

1) 精度要求

精确的目标信息、高精度的导航定位信息是实现精确打击的关键。精度与武器装备的性能指标密切相关,如当一枚巡航导弹对目标的攻击误差为 1m 左右时,则要为发射平台提供的目标地理位置坐标的误差要小于 1m。

2) 时效性要求

对于武器系统而言,最为重要的信息是目标信息,但是由于武器作战能力和目标特性千差万别,很难进行有效时间确定。不同任务以及不同作战样式对响应时间的要求不同,如舰载航空兵力突击海上目标任务,对突击前获取的打击目标信息的时效性要求是响应时间不超过 15min。根据战场目标性质进行区分的方法见表 4 − 3。

表 4 - 3　目标有效时间确定方法

目标区分	目标状态性质	包含种类	有效时间确定方法
永久固定目标	目标根本无法移动	政治和经济首脑机关、电视台等标志性建筑,及桥梁、港口、道路、水网等	作战任务完成时间
长期固定目标	目标移动比较困难	飞机场、雷达站、油库、供给站等	构建新的场地时间
短期固定目标	目标移动比较容易	导弹发射井、通信枢纽、炮兵阵地,各级指挥所	作战部队或武器平台完成作战行动时间
运动目标	目标位置发生规律性变化	飞机、舰艇、航空母舰	
临时目标	目标随机出现	指挥车、飞机、舰艇、航空母舰、导弹、坦克等	

特别要指出的是,对于临时性目标,由于目标是随机出现的,目标信息的有效时间常常取决于所面临的军事威胁,如战区弹道导弹防御的时间是零点几秒,防空常常是几秒,坦克及其他直接瞄准射击武器需要在数秒内确定射击方案。

3)信息共享与同步性要求

为了成功地打击目标,必须在有限的时间内完成探测目标、识别目标、制定打击目标的决策、把决策传送给武器、武器瞄准和开火。传统的作战过程是按顺序依次完成以上过程,而未来作战中,为了实现武器系统之间的协同作战,就需要在探测和识别目标阶段将目标信息传送给可能完成目标打击任务的所有武器系统,武器系统进行作战准备,一旦接到打击指令,立刻实施打击,这就要求武器平台间的信息共享与同步,使发现即摧毁变为现实。

4.3　天基信息服务请求表述

从前述用户对天基信息服务请求的分析可知,虽然天基信息作战服务的对象不同,用户在作战中所处的层次和地位作用有较大区别,但所需天基信息服务的类别却在一定程度上有所重叠,如目标信息服务是指挥控制和武器系统都需要的,因此在进行请求描述时,可以将其归纳、合并为一类,用统一的数据结构进行描述。

4.3.1　服务请求表述方法

天基信息服务领域广,服务种类多,由于用户对服务的关注点不同,往往采用不同的方式来描述对天基信息服务的请求,这样就会造成表达不一致性而导致对用户请求不能合理理解,影响对用户请求的响应效率和满足效果,同时也为服务请求的集成和作战任务规划带来了不便。因此需要选择合适的请求描述方法，建立服务请求表述模型，解决天基信息服务请求的可理解和一致性问题。

天基信息服务请求实质上是表达用户对天基信息服务的一种需求，可以采用需求描述的方法来表述。IDEF(ICAM Definition)、UML 和 XML 都具备一定的信息需求描述的能力，相关文献对这三种方法在信息需求和服务需求方面进行了应用和评价。主要观点如下：

IDEF 方法是由美国空军于 1981 年提出并在国际上得到推广应用的一种方法，它是美国空军一体化计算机辅助制造(Integrated Computer Aided Manufacturing, ICAM)计划为系统的描述开发的多个标准，这些标准集称为 IDEF。IDEF1 用规程化、结构化的技术描述企业信息和业务规则，用简单的图形约定来表达复杂规则的集合。这些规则使用户能够区分现实世界的对象、对象之间的物理或抽象联系、对象信息以及表示信息需求管理和应用的数据结构。作为一种信息需求描述方法，胡晓慧等应用 IDEF1 来建立军事信息系统的需求模板；IDEF1X 标准是在 IDEF1 标准的基础上进行的扩展，它在表示符号和语义方面进行了较大的改动，IDEF1X 用来描述系统的信息以及相互关系。它提供了一套指导信息模型开发的规则和程序，其目的之一就是为分析和组织管理的信息提供一个结构化和规则化的过程。它强调标准化，消除在模型化过程中发现的非完整性、非精密性、非一致性和非准确性。程嗣怡等基于 IDEF1X，为跨武器平台移植建立通用信息模型，规范了系统的信息流和设计主体，为工程实现奠定了理论基础。

统一建模语言(Unified Modeling Language, UML)是面向对象软件开发中的一种可视化的、通用、统一的图形模型语言，是面向对象分析和设计过程中重要的建模工具，1997 年由 OMG 组织发布。UML 定义了 9 种模型图，从静态与动态两方面来描述系统，目前已被广泛应用。秦振等提出了一种基于扩展 UML 的作战信息需求描述方法，该方法构造描述作战单元信息需求的三种语法结构：域声明、选择声明、复合声明，并以标记值和约束描述需求的优先级和语义约束。从作战目标信息和作战单元信息两方面，刻画了作战目标信息的静态和动态信息需求，并对作战单元信息需求进行了定性和定量描述。说明了应用 UML 进行作战信息需求描述，需要在语法、语义方面进行扩展。

XML 意为可扩展标记语言，它包含了一组定义语义标记的规则，可以定义特定领域内标记语言的语法结构。作为元标记语言，XML 允许开发者生成自己需要的标记，这就使得标记的含义可以很灵活，可以满足不同开发者的需求。利用 XML 平台无关性和非结构化的特点，周伟应用基于 XML 的信息需求描述方法实现了需求的跨平台共享和交流。它通过需求建模，将需求分解为层次化结构,形成需求分解树。该方法具有较强的可移植性,但需求分解树的叶节点需借助现有的标准化模型组件描述。陈春咏等定义了基于 XML 的 C⁴ISR 系统作战信息表达模式 BI_XML(Battlefield Information system eXtensible Markup Language,战场信息系统可扩展标志语言),将 C⁴ISR 系统信息主要分为战场信息数据、战场信息知识、数据字典和数据转换字典,以求规范基于 XML 作战信息表达,保证各类作战信息适时跨系统跨平台传输。

另外,Lin 等基于本体理论和方法,提出了一种基于框架的信息需求描述方法。需求描述框架有四层结构,每一层由该层的信息元和信息关系组成,信息元由六元组构成:< I(索引),R(来源),S(主题),A(联系),V(版本),D(时间) > ,六元组是四层信息元的核心,用户可以根据具体需要定义其他元信息。需求框架的重要特点是领域描述的可追溯性,使框架以及由框架实例化得到的具体需求描述可被验证、修改和完善。

罗伟奇等提出了基于综合模型的信息需求描述方法。综合模型面向集成化信息大系统开发,由三维模型和波浪模型组成。三维模型将给定时期内对需求理解的深度、从非形式语言到形式化语言的需求描述转换、从个人视角到共同视角的需求演化等统一到一个动态的过程中;波浪模型反映了系统需求获取过程的重复性、演化性和并存性的特点。综合模型既反映了系统需求形成、演化的过程,又说明了它的演化机制及成因,为集成化信息系统的进一步设计与开发提供了比较可靠的前提。

综上所述,各种需求描述方法都存在一定的优势和不足,鉴于定义服务描述的 WSDL 已成为 W3C 的标准,而 WSDL 是基于 XML 的,服务请求表述要与服务描述结合,以更方便地发现服务和应用服务,因此这里选择利用 XML 来表述用户对天基信息服务请求。

4.3.2　服务请求表述要素

建立服务请求表述的目的是以统一的结构完整地表达用户对天基信息服务的要求,即请求什么样的服务、以什么样的方式送达和要求达到什么样的效果。前面从职能和使命任务角度对天基信息服务请求进行了分析,可以看出,无论是指挥控制的各个阶段、任务,还是武器系统的不同作战节点,对天基信息服务的请求从内容上、服务质量上等虽然存在较大的差别,但请求要素上却存在一定的共性,需要的服务资源也比较类似,如指挥控制需求中的敌方目标信息、敌方重要目标信息、敌方兵力部署信息,实质上都需要侦察监视类卫星提供对战场的侦察监视信息服务,服务需求的要素是相同的,只是在时空范围和服务质量方面有差异。因此,可以在进行请求表述时,采用同一个请求表述模型来表达用户的服务需求。

另外,考虑到信息处理等功能请求一般是通过共享功能软件,用户只需申请功能共享后直接调用即可,要求相对简单,不需专门的请求表述模型来进行描述;地理环境、气象和电磁环境信息一般以周期性推送为主,一般不需要用户专门提出请求,当用户有特殊要求时,可将这类请求附带在目标侦察等服务中表述。这里重点研究目标侦察服务请求、目标跟踪监视服务请求、武器控制服务请求、导弹预警服务请求和卫星预报服务请求五类模型。需要说明的是,将目标信息的服务请求分为两种主要是因为时敏性目标需要持续的跟踪监视,在服务资源和服务质量要求方面与非时敏性目标有着较大区别。天基信息服务请求表述由五个要素组成,根据需要,每个要素可进行分解,由下层的子要素来描述。这五个基本要素分别为用户请求 ID(Server RequirementID)、用户信息(User Information)、服务内容(Server Content)、服务质量(Server Quality)和其他服务请求约束(Other Restriction)组成,如图4−1所示,可形式化描述为

$$SR = (ID, UI, SC, SQ, O)$$

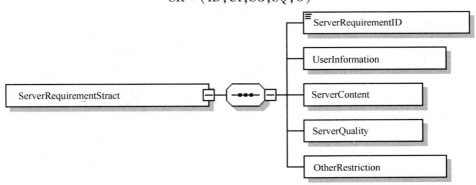

图4−1 天基信息作战服务请求要素组成

(1) 服务请求 ID(ID):用于标识请求号,具有唯一性。

(2) 用户信息(UI):用于描述用户的等级和作战任务等,以判断用户使用权限和进行请求优先级评价,本项内容所有类型的用户请求基本相似。

(3) 服务内容(SC):用于描述服务的基本请求(功能请求),主要是表述用户需要什么样的信息服务,这些是对服务的基本约束,如地理位置范围、侦察目标特性等。

(4) 服务质量(SQ):用于描述对服务的非功能请求,即服务效率的要求、期望的时效性要求、数据更新频率、服务模式、安全性要求等。

(5) 其他服务请求约束(O):是辅助性的请求表达,该部分主要用于对目标区的自然环境、电磁环境等进行描述,以辅助更为精确的服务保障。

请求表述模型利用 Altova XML Spy 软件建立,通过其图像输出功能(Save Diagram)导出。

4.3.3 服务请求表述模型

1. 目标侦察服务请求表述模型

目标侦察服务请求主要来自于各级各类用户,用于支持指挥决策和武器系统作战,贯穿于指挥控制、武器作战的全过程。目标侦察服务战前用于发现、识别目标,支持对敌方的作战意图判断、己方作战任务规划等;战中用于锁定和攻击目标,进行目标指示,进行态势判断;战后用于打击效果评估,为下一轮的指挥决策和武器作战服务。目标侦察服务请求表述模型如图 4 - 2 ~ 图 4 - 5 所示,下面对模型进行解释。

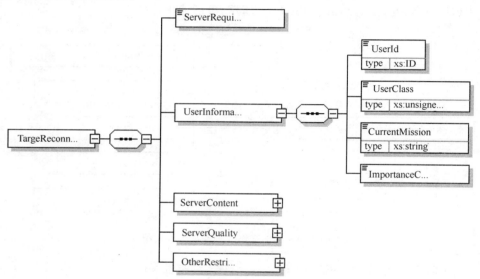

图 4 - 2 目标侦察服务请求表述模型——用户信息

模型的第一项是服务请求 ID,在模型中命名为 ServiceRequiment ID,用于标识用户请求,需要按一定的编码格式进行编码,具有唯一性。

模型的第二项是用户信息,在模型中命名为 UserInformation,包括用户 ID、用户等级、当前任务和重要性等级,如图 4 - 2 所示。其中,用户 ID 用于标识和定位用户,系统将按照用户 ID 来推送和反馈服务信息(注意与用户请求 ID 的区别,一个用户可以发出多个用户请求,即一个用户 ID 可以有多个服务请求 ID);用户等级表示用户在作战编成中的等级,如营、团、师等,用于说明用户单元的地位和作用;当前任务是对任务的描述,通过任务可以判断其重要性程度;重要性

92

等级是用户自己对其请求的重要性评价。四项内容共同支持系统从全局对用户请求进行优先级评价。

模型第三项是用户请求服务内容,在模型中命名为 ServiceContent,用于描述用户请求的内容要求,包括目标特性、目标位置范围、目标状态和传感器参数要求,如图 4-3 所示。其中,目标特性可分为光学特性、电子特性和目标尺寸;目标位置范围分为起始经纬度和截止经纬度;目标状态特性主要描述其静止或运动状态;传感器参数是对分辨率和光谱特性的要求,这项内容要求用户对天基信息系统有较深入的了解,可选。

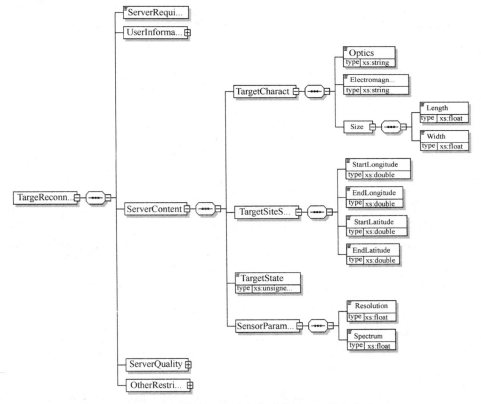

图 4-3　目标侦察服务请求表述模型——服务内容

模型第四项是用户请求服务质量,在模型中命名为 ServiceQuality,用于描述用户请求的质量要求,包括时间约束、数据更新频率、安全等级、服务模式和数据格式要求,如图 4-4 所示。其中,时间约束是指对某区域或目标侦察的开始时间和结束时间;数据更新频率是指多长时间更新一次数据;安全等级是指用户对服务的安全性要求;服务模式是指服务以什么样的方式送达用户,具体的模式将在第 5 章研究;数据格式是指用户对服务的数据格式要求,如图片格式(bmp,gif,jpeg 格式等)、文本格式(word,pdf,txt 格式等)要求。

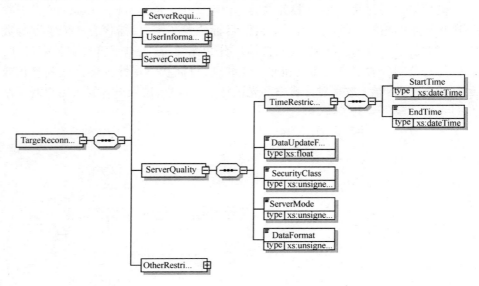

图 4 - 4   目标侦察服务请求表述模型——服务质量

模型第五项是用户请求服务的其他约束,在模型中命名为 OtherRestriction,用于描述用户对其他信息的需求,包括地理环境信息、气象信息和电磁环境信息,这些信息可在目标信息传递给用户的同时推送给用户,也可专门按需要进行请求,如图 4 - 5 所示。

2. 目标跟踪监视服务请求表述模型

目标跟踪监视服务与目标侦察服务的主要区别是:

(1)目标侦察是单个或多个卫星对同一目标或目标区的同一时刻的侦察,目标跟踪监视是单颗或多颗卫星(一般为多颗卫星)对同一目标(常常是移动目标)的持续跟踪监视。

(2)处理方式方面,目标侦察是对原始图像信息的预处理和融合处理;目标跟踪监视是不同时间对目标的跟踪监视,数据处理需要按时间序列进行融合,获得目标的轨迹和状态变化信息。

(3)目标侦察信息有可能已存在于情报数据库中,但目标跟踪监视信息往往是对未来某段时间作战目标的持续跟踪监视,需要对卫星任务进行规划,并在实施任务时可能存在协同行为,表现为某颗星发现目标后,进行目标指示,其他卫星根据目标指示信息完成跟踪监视。

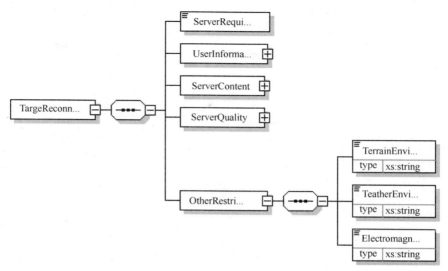

图 4 - 5   目标侦察服务请求表述模型——其他约束

因此,目标跟踪与监视服务请求主要针对用户对高速移动的时敏性目标的持续的跟踪监视信息服务,从服务请求的角度,它与目标侦察服务请求的区别主要体现在服务内容和服务质量上,要对高速移动的目标进行跟踪监视,需要在服务内容和服务质量上增加项目,用于指导天基信息服务体系进行持续有效信息的获取处理和传输。目标跟踪监视服务请求表述如图 4 - 6 所示。与目标侦察服务请求相比,目标跟踪监视服务请求中服务内容(ServiceContent)上增加目标运动状态,包括目标移动的方向和速度,在服务质量(ServiceQuality)上增加最大跟踪时间间隔,其余部分与目标侦察服务请求相同。

3. 武器制导控制服务请求表述模型

武器制导控制服务主要针对武器系统对打击目标、阵地定位、武器制导控制等信息服务的请求,除了要对时敏目标进行跟踪监视外,对于精确打击武器,还需要提供武器制导控制服务,制导方式不同,所需的控制服务信息有差异。在服务质量上,目标信息和导航制导信息的更新频率也需要分别提出。武器控制服务请求表述模型如图 4 - 7 所示。与目标跟踪监视服务请求相比,服务内容(ServiceContent)上增加导航定位要求,包括目标的位置、飞行方向和时间基准信息,对于地形匹配制导的巡航导弹,在其他约束(OtherRestriction)项中,地理环境信息为必填项;在服务质量(ServiceQuality)上增加数据更新频度,包括目标信息更新频率和导航定位信息更新频率;其余部分与目标跟踪监视服务请求相同。

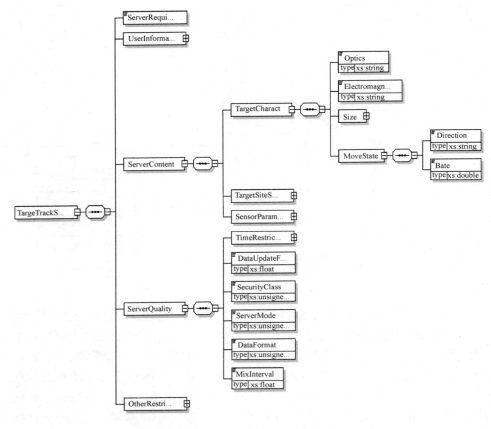

图 4 - 6　目标跟踪监视服务请求表述模型

4. 预警服务请求表述模型

预警服务请求主要描述指挥控制和反导系统武器系统对来袭导弹信息的需求,主要包括来袭导弹发射阵地的位置、导弹的弹道预测、飞行轨迹、落点预报等,时效性要求极高,因此服务请求将采用定制的方式,一旦有满足需求的预警信息,必须主动推送到武器控制中心(等用户)方。由于反导系统需要一定的准备时间,因此需要根据来袭导弹的类型,确定最早预警时间,以确保预警信息的有效利用。在数据更新频率方面,对导弹的持续跟踪和目标的持续跟踪时间间隔要求也不同。预警服务请求表述模型如图 4 - 8 所示。

预警服务请求表述模型的前两项与其他请求表述模型中相同,第三项也为服务内容,但要表述为预警范围、导弹信息和目标信息三部分。其中,预警范围用于告知重点预警区域,通过起止经纬度来描述;导弹信息包括导弹发射点位置、方向、再入点和再入时间;目标信息包括导弹打击目标的位置信息,对防御方

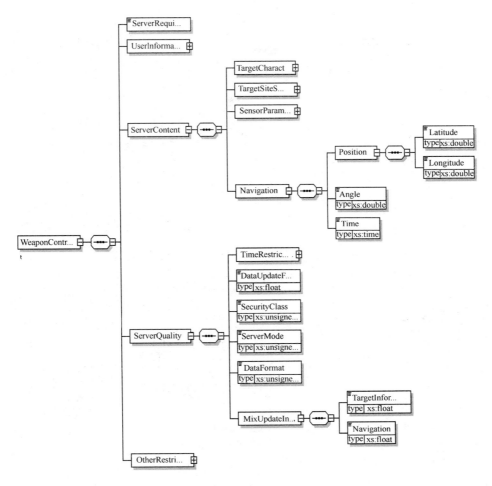

图 4 - 7 武器控制服务请求表述模型

而言,为落点位置预报信息。第四项服务质量的时间约束为要求的最早预警时间。

5. 卫星预报服务请求表述模型

卫星预报服务请求包括两个方面:一方面是提供己方侦察类卫星的编目和能力,使用户能够利用相关支持软件预测己方卫星可能为其提供的侦察信息能力,以便于其提出合理的天基信息服务请求,提高服务效率;另一方面是提供敌方侦察类卫星的编目和能力,重点是敌方侦察类卫星的侦察方式、侦察时间等,为己方及时规避敌方卫星的侦察监视、规划作战行动提供参考。相比前述

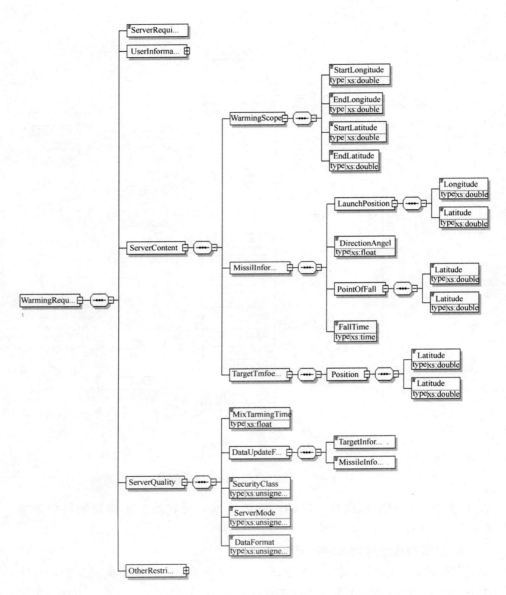

图 4 - 8 预警服务请求表述模型

四类服务请求而言,卫星预报服务相对简单,服务请求表述模型如图 4 - 9
所示。

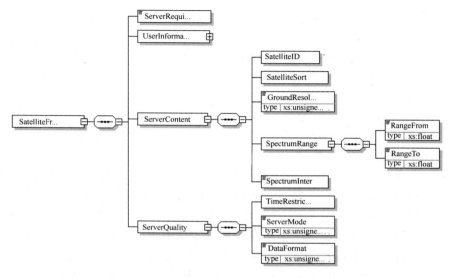

图 4 - 9　卫星预报服务请求表述模型

4.4　天基信息服务请求优先级评价

一般来讲,服务请求优先级评价的对象是一个个的用户请求,评价结果是按优先级排序的用户请求序列,服务系统从排序队列中依次提取用户请求,逐一满足。对于天基信息服务而言,特别是对天基侦察信息服务而言,其提供的信息服务是批量的,例如,若侦察卫星覆盖区域中有多个目标,则一次侦察就能获得多个目标信息,可以同时满足多个用户的服务请求。同时,卫星受轨道特性、载荷能力的约束,对地面的覆盖能力有限,变轨机动代价较大,重访周期较长,在卫星数量有限、不能达到全球覆盖的情况下,为了最大化地满足战场情报需求,也需要对多个用户的天基侦察信息服务请求进行综合,从而有效规划和调度天基信息服务资源,提高服务效率。可见,常规的用户优先级评价方法并不适用于天基侦察信息服务请求,需要设计一种新的算法,根据天基侦察信息服务特点和用户请求,将用户聚类为用户群,并对用户群的优先级进行评价。下面基于 DBSCAN 算法,提出考虑军事价值的 MV - DBSCAN 算法对用户请求进行聚类和优先级评价,这种算法既考虑了服务请求侦察目标中的地理位置关系,又考虑了用户请求侦察目标的军事价值,评价结果可用于支持卫星侦察任务规划和调度,从而使天基信息服务体系提供的目标侦察信息服务能满足大部分具有较高军事价值的目标信息服务请求,提高其整体作战效能。

4.4.1　优先级评价算法 MV – DBSCAN

1. MV – DBSCAN 算法描述

如前所述,DBSCAN 是一种经典的基于密度聚类算法,它可以自动确定簇的数量,并能够发现任意形状的簇。它寻找被低密度区域分离的高密度区域,将具有足够高密度的区域划分为簇。其聚类对象为一些离散的点,通过 DBSCAN 算法,可将聚类对象按点的密度划分簇,所获得簇的形状可以是任意的、不规则的,簇的数目、形状、大小不确定,由样本的分布密度来决定。应用 DBSCAN 算法来解决用户请求优先级评价问题:需要解决两个问题:一是将用户请求中的目标范围(TargetSiteScope)进行处理,使其能够成为满足 DBSCAN 算法的聚类对象;二是对 DBSCAN 算法进行改进,使得聚类后获得的簇可以符合天基侦察服务特性,反映出用户群的优先级水平。对前者而言,若用户请求明确指出所需的侦察目标,按照均匀分布随机抽取侦察区域中的一个点作为聚类对象;若用户请求仅提出对某区域进行目标侦察,可认为是对该区域所有军事目标的侦察,则可通过引入兵力密度,将侦察区域按照兵力密度进行离散化处理,就可以获得带侦察区域内的离散的点,根据兵力密度的概念,可认为这些点是待侦察的一个个目标,即多个请求,这样就获得了多个聚类对象。对于后者而言,则需要改进 DBSCAN 算法中的核心对象定义,并根据卫星载荷特性确定 Eps 和 MinPts。下面重点讨论如何对 DBSCAN 算法进行改进,使其能够进行天基侦察服务的优先级评价。

在 DBSCAN 算法中将核心对象定义为:如果一个 Eps – 邻域至少包含最小数目 MinPts 个对象,则称该对象为核心对象。这样,密度偏低的对象将由于其不是核心对象且密度不可达而将被划分为噪声。这样,对于天基侦察信息服务请求来讲,就意味具有较高军事价值的目标如发射场、港口等,由于从地理分布上相对孤立,将会被该算法认为不是核心对象而被划分为噪声,因此需要对 DB-SCAN 方法进行改进,采用改变核心对象的判断方法,使其能考虑用户请求的军事价值约束,就可以避免将重要军事目标的信息服务请求误判为噪声。这里,称考虑军事价值的 DBSCAN 算法称为 MV – DBSCAN(Military Value DBSCAN)。

MV – DBSCAN 定义满足下列条件之一的即为核心对象:

(1) 如果一个 Eps – 邻域至少包含最小数目 MinPts 个对象,则这个对象为核心对象;

(2) 如果一个对象的军事价值大于 MinPts,则这个对象为核心对象;

(3) 如果一个 Eps – 邻域至少包含 N_i 个对象,这 N_i 个对象军事价值总和大于 MinPts,则该对象为核心对象。

这样,对于具有较高军事价值的侦察信息请求服务,可能尽管在地理分布上属于低密度点,但是新的算法仍然将其划分为一簇。军事价值计算的数据来源为请求表达中的 UserInformation,计算方法可采用加权法,每一项权重可由层次分析法来确定,这些方法都是常见的综合评价方法,这里不再赘述。假设已获得 N 个用户请求的军事价值 $v_i(i=1,2,\cdots,N)$,为了便于比较,将获得的军事价值进行转换:

$$v_i' = \mathrm{int}(v_i/\min(v_1,v_2,\cdots,v_N)) \tag{4-1}$$

这样,所有请求的军事价值均为大于或等于 1 的整数。然后,对聚类后获得的簇中所有对象的军事价值进行求和,即可获得用户群的优先级评价。设聚类后的用户群为 $U_{Cm}(m=1,2,\cdots,M)$,每个用户群包含的请求数为 N_m,军事价值为 $v_{mi},(i=1,2,\cdots,N_m)$,则用户群 U_{Cm} 的优先级为

$$P_{Cm} = \sum_{i=1}^{N_m} v_{mi} \tag{4-2}$$

2. Eps 和 MinPts 的确定

改进的 DBSCAN 算法的聚类结果依然依赖于半径参数 Eps 和点数阈值 MinPts 的设置,这两个参数值的不同组合将产生用户群(簇)的个数、规模等不同的聚类结果。

侦察卫星有效载荷的视场根据载荷特性的不同,可分为圆形或长条形。在经过侦察需求目标区域时,开始进行成像侦察,在顺着星下线方向的地球表面形成一条观测带,观测带的图像信息即为原始侦察情报信息。设侦察卫星地面观测带(也称覆盖带)的宽度为 L,则搜索半径 Eps 的取值应不大于侦察卫星的覆盖宽度 L 的 $1/2$。一般地可以取

$$\mathrm{Eps} = \mathrm{int}\left(\frac{1}{2}L\right) \tag{4-3}$$

为了避免高价值信息服务请求在聚类时被误判为噪声,可以取值

$$\mathrm{MinPts} = \max(v_1',v_2',\cdots,v_N') \times 80\% \tag{4-4}$$

这样,对于高价值信息服务请求,即便其在空间位置上是孤立的,也可独自成为一簇。

4.4.2 MV – DBSCAN 算法的应用

设经过兵力密度离散后的用户请求有 n 个,则聚类问题中就有 n 个对象: $x_i(i=1,2,\cdots,n)$,对于这 n 个服务请求,利用层次分析法和式(4-1)等,可以得到它们的军事价值向量 $\boldsymbol{V}=(v_1,v_2,\cdots,v_n)$。

进行聚类分析时,由于只考虑信息服务请求的待侦察目标位置,因此对每个对象仅选择两个位置变量即可(数据来自请求表述模型的 ServiceContent),由此

获得聚类问题的数据矩阵 $\boldsymbol{X}'$：

$$\boldsymbol{X}' = \begin{bmatrix} x_{11}x_{21}\cdots x_{n1} \\ x_{12}x_{22}\cdots x_{n2} \end{bmatrix}^{\mathrm{T}}$$

对象之间的距离采用欧几里德距离，也就是两个 d 维向量之差的 2 - 范数。计算公式如下：

$$d(x_i, x_j) = \| x_i - x_j \|_2 = \sqrt{(x_{i1} - x_{j1})^2 + (x_{i2} - x_{j2})^2} \qquad (4-5)$$

对于来自各用户的天基侦察信息服务请求数据集（略），Eps 和 MinPts 由式（4-3）和式（4-4）获得。典型的 DBSCAN 算法的聚类结果如图 4-10 所示。

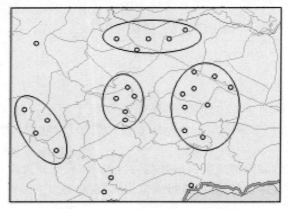

图 4-10   DBSCAN 算法聚类结果

而根据 MV - DBSCAN 算法中对核心对象的定义，考虑军事价值约束的聚类结果如图 4-11 所示。

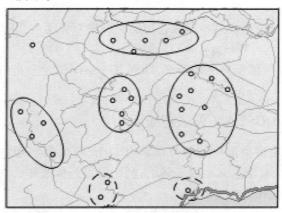

图 4-11   军事价值约束下的聚类结果

图 4 – 10 与图 4 – 11 进行比较,当 Eps 和 MinPts 一定时,在总体上两种算法的聚类结果基本一致,说明改进后的算法保留了原算法的特点,基于密度形成了不同形状、大小的聚类结果;新的算法的聚类结果(图 4 – 11)中出现了两个新的簇,这正是考虑了需求的军事价值约束,将分布上相对孤立的低密度高价值侦察信息请求判定为新的簇。根据形成的簇中的目标点集合,由式(4 – 2)即可获得用户请求群的优先级评价。

改进后的 MV – DBSCAN 算法综合考虑了天基侦察信息服务请求的军事价值约束和地理分布特点,将天基侦察信息服务请求以簇的形式进行聚类和优先级评价,将结果提供给侦察任务规划,可在一定程度上减少任务规划对象的数量,降低规划的复杂性,并使规划后的侦察行动能够考虑用户请求的军事价值和用户群的优先级,提高天基信息服务资源的应用效率,为用户提供更多、更高军事价值的侦察服务。

第 5 章　天基信息服务模式研究

天基信息服务体系中分布着大量的、不同功能的服务,这些服务自身很难产生较好的军事价值,要想从服务中受益,必须将服务融入能产生军事价值的作战流程中,流程中的其他参与者必须与服务进行交互,才能获得军事效益。为此,必须面向作战应用,根据用户对天基信息需求和系统所提供的各类服务的特点,设计天基信息服务模式,解决天基信息服务体系如何将各类服务以最佳方式提供给用户的问题。

在天基信息服务体系中,天基信息资源和天基信息用户之间的关系,不再是简单的单向输出天基信息以支持用户作战应用,而是双方互相联系、互相影响的过程,是一种双向的信息交流。在这样的过程中,传统的信息分发模式已难以适应未来作战的要求,必须基于天基信息服务体系,在面向服务体系所提供的四种基本的服务交互模式基础上,研究和设计天基信息服务模式,以满足用户对天基信息资源、信息技术支持、协作环境等的综合需求,使天基信息系统能够更好地服务于作战,真正实现"兵力倍增器"的效果。

5.1　服务模式基本概念

所谓模式,就是针对工程实践中反复出现的特定领域中的特定问题得出的最佳解决方案的总结和提炼,并对以后实践中出现的相同问题提供解决方案和指导方法。一个模式是针对在某个特定场景下出现的特定问题的最可行解决方案的范例的抽象。如战斗力生成模式是指形成和提高战斗力的一整套相对稳定的方法、途径和标准形式。军队组织模式是指军队组成结构的标准形式。通常与一定的战争形态、作战方式和国情、军情相适应。

服务模式主要研究面向服务体系中,服务是以什么样的方式送达用户的。在面向服务体系概念出现之前,在军事领域与服务相关的常用的术语是情报分发和情报保障等。情报分发是指将情报送达情报使用对象的过程,情报保障是指为适应国家安全、国家利益、国防和军队建设、军事行动的需要,在侦察情报方面组织实施的保障。相关研究也以情报分发为主题开展;之后,面向服务理念逐渐被接纳和应用,由于服务内涵的广义性,为满足用户需求所进行的一切活动均可封装为服务,因此可认为分发、保障也是服务的一种,如信息服务可认为包含了为用户提供分发的服务,分发模式是服务模式的组成部分。

信息服务模式是对信息服务活动的组成要素及这些要素之间相互关系的描述,本质就是信息服务在其活动过程中为满足用户对信息需求、调整各构成要素之间相互关系组合而形成的一种信息服务工作模式。信息服务模式中包括服务使用者、服务提供者、服务内容和服务策略与约束等四个要素,并需要研究这些要素在信息服务过程中的作用及其相互关系。

根据前面对天基信息服务的定义可知,在天基信息服务体系中,天基信息服务模式不仅要考虑信息以何种形式送达用户,还要考虑信息处理的软件和高性能计算资源的服务问题,因此,天基信息服务模式不仅包含了天基信息的分发,还将扩展为整合所用天基信息系统资源从信息的获取、传输、处理、分发全过程中的信息服务资源、软硬件服务资源等应用。

天基信息服务模式就是基于面向服务的思想,针对天基信息系统特点,从服务的角度对天基信息的各类作战应用及过程进行归纳和总结,采用模式的方法抽象出天基信息的作战服务规律,形成一套相对稳定的天基信息服务提供的方法、途径和标准形式。

通过建立具有共性并兼顾个性化需求的天基信息服务模式,将理顺天基信息服务过程中所涉及的多种资源、多种角色的关系,使它们彼此相互作用、相互协调,从而实现天基信息服务的综合集成、共享、同步与协同。

5.2　服务交互的基本模式

用户与信息服务提供者之间存在着行为互动和信息交换过程,这样的过程就是交互。用户要获得服务,就必须与服务提供者进行交互。一般来讲,面向服务体系支持的公共服务交互模式有四种:同步请求 – 应答服务模式、异步请求 – 应答服务模式、订阅服务模式、主动通知服务模式。

1. 同步请求 – 应答模式(Synchronous Request – Reply)

同步请求 – 应答模式是指服务使用者请求服务提供者执行服务,然后直接等待结果,是最普通的服务交互模式,如图 5 – 1 所示。

2. 异步请求 – 应答模式(Asynchronous Request – Reply)

异步请求 – 应答模式在将来的时间点交付结果,如图 5 – 2 所示,它需要为服务提供者提供一种交付结果的机制:一种方式是如果服务提供者主动交付结

图 5 – 1　同步请求 – 应答模式　　　　图 5 – 2　异步请求 – 应答模式

果,那么由服务使用者为这一目的提供一个操作及其对应的接口;另一种方式是服务提供者提供一个结果检索操作及其对应的接口,服务使用者通过调用这个结果检索接口来确定结果是否就绪,并在结果就绪时检索结果。

3. 订阅模式(Subscription)

订阅模式下的服务不只交付一个结果,随着时间的推进,它们会产生一个结果序列。使用订阅服务时,服务使用者通过向服务提供者注册来异步接收结果序列,如图 5 – 3 所示。与异步请求 – 应答模式一样,订阅模式必须指明交付的方式。

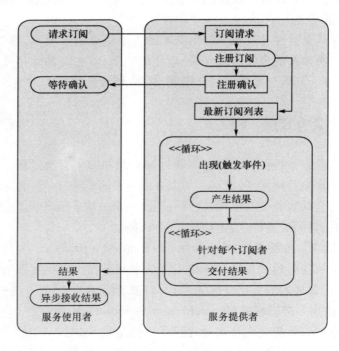

图 5 – 3　订阅交互模式

106

4. 主动通知模式(Unsolicited Notification)

主动通知模式是指服务提供者在服务使用者没有明确请求的情况下发送结果,如图5-4所示,主动通知模式只有一个接口——服务使用者的交付接口。

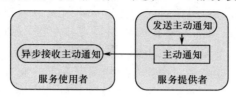

图5-4 主动通知模式

在实际应用时,由于系统和流程的复杂性,单一应用这些基本模式难以满足需要,需要结合天基信息服务特点,设计复杂的服务模式,以满足不同用户的共性和个性化需求。

5.3 服务模式研究现状

5.3.1 "信息推送"和"灵活索取"模式

美军认为,用户的需要是选择分发方式的最终决定因素。作战胜利的关键因素之一就是分发给作战部队的情报信息必须及时准确,各级情报单位必须主动与用户建立并保持密切联系,确保情报产品能够在需要的时间和地点及时地送达用户。美军于2004年颁布了《对军事行动的联合及国家情报支援》(JP2-01)条令,提出了情报分发的"推-拉"(Push-Pull)控制原则。"推"就是指上级主动把情报信息送给下级,以满足下级的情报需求,"拉"就是各级部队直接访问各种电子数据库、情报文件或其他媒体库,以获取所需情报。遵循"推-拉"控制原则,美军天基对地观测情报信息的分发模式采用了"信息推送"(Information Push)和"灵活索取"(Smart Pull)两种方式。"信息推送"是较高层次的梯队把情报传递给较低层次的梯队,或将其他相关信息转发给较低层次的梯队,以满足现有较低层次梯队的需求。"信息推送"的内容包括:国家级别或战区级别接收的警告数据;原先没有预期但会影响到联合军事行动的其他关键信息;能满足下属单位常备信息需求的情报;由下属联合部队的情报部门(J-2)预先提交的特殊情报请求等。"信息推送"由国防情报分发系统(Defence Intelligent Distribution System,DIDS)管理,DIDS中包含了用户对其感兴趣情报的陈述。当情报生产者想将一个情报产品发送给用户时,他们首先要查询DIDS数据库,并创建情报分发清单。"灵活索取"是指通过直接访问数据库、情报文件、由各级情报组织建立的所有数据仓库或聊天室等获得所需要的情报。

"信息推送"和"灵活索取"各有所长。过多的"信息推送"往往会造成下级信息链路过载的情况,但如果安排合理则可以避免,如"全球广播服务"能提供强大的多种数据分发能力,可给各级司令部提供带宽视频和图像文件。此外,时间敏感情报必须根据预定优先情报需求通过专用广播"推送"给联合部队指挥官及其下属部队。"灵活索取"方式可以避免接收部门的通信链路饱和,而且可以实现按需索取,不但提高了对用户个性化情报需求的响应能力,也节省了通信带宽,因此更受美军欢迎。如利用聊天室或聊天软件发布威胁告警信息使集体获得"灵活索取"的信息。然而,"灵活索取"要求以 Web 服务和面向服务的体系结构为基础,建立完善的情报服务架构和强大的通信网络。

5.3.2 基于"信息超市"的信息共享与智能分发模式

艾中良等提出了"基于信息超市"的概念,用于天基信息共享与智能分发、地理信息的服务等。这种模式是在数据生产者和数据消费者之间建立虚拟信息共享空间。一方面,数据生产者可以把共享的信息通过一定的手段放入虚拟信息共享空间;另一方面,数据消费者可以通过一定的手段在虚拟信息共享空间中获取自己需要的信息。从功能上讲,虚拟信息共享空间就像是一个"信息超市",将各种共享信息汇总在一起,对共享信息进行统一的管理,为不同的应用系统提供一个交换信息的虚拟市场,这些应用系统分为信息的生产者和消费者。信息超市的核心功能是允许信息的生产者和消费者存储、访问、获取和管理信息,其信息分发模式在传统的"点播""广播"和"应用层组播"的基础上,提出了基于用户兴趣区域聚合的"网络层组播"分发模式,并认为"网络层组播"分发模式将显著降低用户终端接收过滤数据的工作量,不需要每个信息按照每个用户的需求重复分发多次,提高了网络带宽的利用效率。但要实现这种分发模式,要对每一个分组进行优劣评价并快速找到最优分组,使得信息分发带宽需求和用户接收过滤工作两项指标综合最优。因此,分组方案的优劣将直接影响分发效率。

5.3.3 任务驱动的遥感信息聚焦服务模式

李德仁等提出了面向任务的遥感信息聚焦服务的概念,认为目前常用的被动式资料分发模式离不开用户操作,分发效率不高,应用时效性不强。虽然在线浏览服务方式部分体现了用户对遥感信息的需求,但还没有真正实现按需服务。为建立各类遥感信息及其处理服务广泛共享、有机聚合与高效协同机制,克服数据产品服务模式单一、不灵活和效率低的缺点,提出了三种遥感信息聚焦服务模式,通过聚合和协同各类服务资源,满足各种复杂任务的遥感信息需求。将遥感信息服务模式分为直接模式、组合模式和协同模式。其中,直接模式是基于遥感信息,根据任务需求,通过数据、Web 要素服务、Web 覆盖服务直接将数据分发给用户,通过搜索和发现满足任务需求的遥感信息,聚合数据服务、传输服务协同完成任务;组合模式基于已有遥感信息,根据任务需求和处理环境,动态组合数据服务、处理服务和传输服务等,生成聚焦服务链,经过数据组合加工得到满足任务需求的遥感信息。通过服务自组织方法聚合广域分布的小粒度处理服务、数据服务和传输服务,协同完成更大的复杂任务。协同模式根据任务需求和遥感信息资源条件,动态组合传感器数据获取服务、传输服务和处理服务等,生成聚焦服务链,经过在线协同处理得到满足任务需求的遥感信息。通过卫星资源的结构自组织,聚合获取服务、数据服务和传输服务,协同完成实效性高的复杂任务。可以说,这三种模式基本上体现了面向服务的理念,但对如何实现这些模式,文献并没有更进一步的研究。

5.3.4 地理空间信息应用保障模式

周成文等主要研究了联合作战行动中的地理空间信息应用保障模式,认为地理空间信息一般以不同的测绘产品为人们提供服务,其保障模式是为适应联合作战行动过程而进行划分的。联合作战行动过程可分为平时、战前、战时和应急四种模式,与此对应,地理空间信息应用保障可分为平时充分准备模式、战前快速响应模式、战时实施保障模式和应急保障模式四种。其中,平时充分准备模式是由作战规划部门根据未来联合作战行动提出预设战场地理空间信息测绘和平时训练、演习、军事行动地理空间信息保障需求,由总部测绘管理部门分析评估地理空间信息保障需求,制定地理空间信息与测绘产品生产任务计划和应用保障计划,并下达实施。根据任务计划,测绘生产部门完成战场地理空间信息探测、处理,并建立、维护或更新战场地理空间信息与测绘产品数据库,测绘保障分队进行应用技术训练,并伴随训练、演习等重大军事行动实施地理空间信息保障。战前快速相应保障模式是由作战指挥机构提出主要作战方向战场及相关区域、主要对手在全球部署的军事目标区域地理空间信息准备需求;各级测绘管理部门分析评估需求,并根据需求制定战场地理空间信息准备任务计划;组织所属测绘生产部队,基于国家、军队或社会地理空间信息资源,快速组织并部署所需战场地理空间信息和测绘产品;组合利用天基、空基、地基等地理空间探测手段,获取所需战场区域地理空间信息,并快速处理、生产面向军事行动任务的地理空间数据集,及时更新战场地理空间信息。战时实时保障模式是由各级作战指挥部和各军兵种参战部队提出地理空间信息保障需求;各级测绘管理部门分析评估地理空间信息保障需求,制定地理空间信息保障方案,组织各级测绘保障分队遂行地理空间信息保障。应急保障模式是由应急行动指挥部门提出地理空间信息保障需求,应急测绘保障部门在分析评估地理空间信息保障需求基础上,制定应急保障实施方案,并组织应急测绘保障分队快速组织和部署行动区域地理空间信息与测绘产品,遂行地理空间信息保障,利用天基、空基、地基等地理空间信息探测手段,实时监测军事行动区域地理环境变化,快速处理生产专题地理空间信息和测绘产品,遂行地理环境可视化、突发事件发展态势分析与显示,以及任务执行效果评价等应用保障。

综上所述,目前国内外研究业已遵循面向服务理念,研究了多种信息服务模式,使信息能够最大程度地被集成和共享,具有一定的深度和广度。但这些研究大多针对单一信息类型,如地理空间信息、航天侦察信息等,所提出的分发模式或应用模式缺少对整个天基信息系统的资源整合和综合应用考虑;同时,将天基信息(如遥感信息、航天侦察信息等)系统与其他的信息系统等同对待,缺少对天基信息服务资源特性的考虑;所提出的服务模式相对简单,对用户的个性化需求考虑较少。另外,信息时代的作战不仅要求信息的共享,更需要信息支援机构中各单元的协同,以保证所提供信息的完整性和及时性,前面的研究在服务模式研究中虽大多提及协同问题,但缺少对具体协同模式的研究。

5.4 天基信息服务模式构成

天基信息的服务对象是分布于海、陆、空、天多维战场的指挥控制机构和武器系统,为了更好地服务于作战,应建立天基信息获取和处理服务的广泛共享、有机集成和高效协同机制,克服天基信息应用模式单一、缺少灵活性、效率低的缺点。天基信息服务模式的研究要以上述四种基本交互模式为基础,考虑信息的共享、同步与协同问题,从优化作战应用流程、整合协调信息资源的角度探索满足不同层次、不同应用对象作战需求的复杂服务模式,构建满足动态服务请求的多模式并存的天基信息服务模式,通过组合和协同各类服务资源,满足复杂作战任务下的天基信息支持需求,解决天基信息的应用在时间、空间与目的上与作战行动的同步问题。

总体上可将天基信息服务模式分为三类:推送服务模式、在线共享服务模式和协同服务模式。

1. 推送服务模式

推送服务模式是系统主动获取、处理天基信息,并把形成的天基信息产品传递给合适的用户,目的是减少需求传递环节,缩短信息流程,提高天基信息的时效性。推送服务模式可分为主动推送服务模式、定制推送服务模式和应急推送服务模式。

2. 在线共享服务模式

在线共享服务模式是用户主动通过门户节点,浏览、查询和下载权限内的天基信息,调用天基信息处理等功能服务,目的是通过分级开放数据/信息服务和功能服务,使用户可以根据需要和权限与系统交互,获得所需服务,提高信息服务的针对性。

3. 协同服务模式

协同服务模式是根据作战需求,统一调配天基信息服务资源,使它们按一定的方式相互配合,共同完成信息的获取、处理和传输等任务,目的是打破服务资源之间的各种壁垒和边界,使它们为共同的目标进行协调和协同运作,通过对各种天基信息服务资源最大的开发利用和增值以充分达成一致的作战目的。

天基信息服务模式构成如图5-5所示。

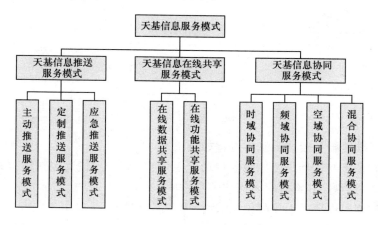

图5-5 天基信息服务模式构成

5.5 天基信息推送服务模式

5.5.1 主动推送服务模式

主动推送服务模式就是根据作战规则和作战经验,对用户的作战任务、作战行动和行为习惯进行研究、分析,预测和推断用户的服务需求,向用户主动推送其可能需要的、有针对性的天基信息。此模式的关键在于建立用户信息库,跟踪和记录用户的行为信息;构建用户需求管理和预测模型,对用户需求进行预测;

根据需求预测结果,对信息资源进行筛选和综合集成,进而向用户推送其可能需要的、有针对性的信息,提高主动推送的针对性和精确性。主动推送服务模式如图 5-6 所示。

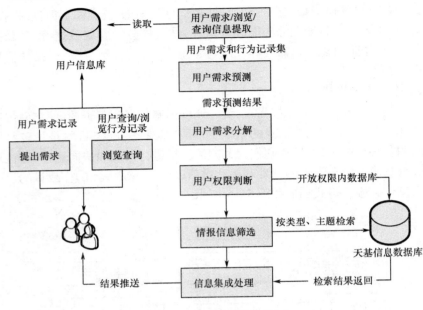

图 5-6　主动推送服务模式

主动推送服务模式的基本过程如下:

(1) 系统的管理与监控服务自动记录用户的行为信息,包括情报需求信息和浏览查询信息,并将其写入用户信息库中。

(2) 调用用户需求预测模型,进行用户需求预测,获得用户在未来时刻的可能情报需求,然后对需求进行分解。

(3) 对用户权限进行判断,按分解后的需求预测结果自动检索权限内的天基信息数据库,获得相关信息,并进行集成处理。

(4) 将处理后的综合情报信息产品推送给用户。

5.5.2　定制推送服务模式

定制推送服务模式是用户根据自己的需要,考虑天基信息系统的能力,选择自己所需要的信息和功能进行订阅,系统按照用户定阅的主题进行信息的选取、组织和综合集成,生成情报信息产品,推送给用户。系统的推送服务有两种方式:一种是定期推送;另一种是及时推送。用户在进行信息订阅时可自主选择。

定制推送服务模式是由用户指定的信息服务任务驱动的,关键是要求用户对天基信息系统的能力和状态比较了解,可以制定出合理的需求。其中,定期推送主要是针对用户相对稳定的服务需求,如环境、气象、卫星预报等公共信息服务;而及时推送则主要是针对突发事件的预警信息服务。主动推送服务模式如图5-7所示。

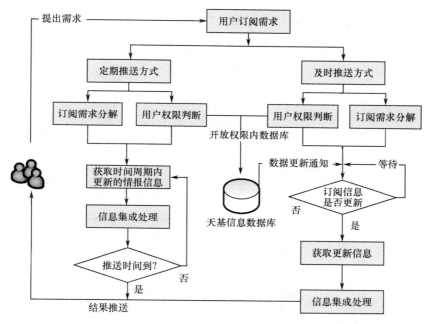

图5-7 定制推送服务模式

定制推送服务模式的基本过程如下:

(1)用户提出对天基信息的订阅需求,选择推送方式。

(2)对用户需求进行分解,并进行用户权限判断。

(3)根据用户权限,开放权限内的数据库。在定期推送方式下,获得用户要求时间周期内更新的情报信息,并进行集成处理;在及时推送方式下,一旦订阅的信息更新,则读取并进行集成处理。

(4)将结果或定时、或及时地推送给用户。推送的内容有两种:一种是以消息的形式推送给用户,用户根据更新提示消息,访问相应的数据库,获得信息服务;另一种是直接将信息服务内容按用户要求的格式(如图像、文档等)推送给用户。

5.5.3 应急推送服务模式

"战争是充满偶然性的领域,……偶然性会增加各种情况的不确定性,并扰乱事件的进程"（克劳维茨）。主动推送服务模式可能会由于偶然性和不确定性而难以做到对用户未来需求的准确预测，定制服务模式又没有考虑由于战场态势变化而导致的用户需求动态变化问题。因此，应急推送服务模式主要是对所获取的突发事件的信息进行快速处理和分发，将信息主动推送给相关用户的过程。此模式的关键在于对突发事件的情况判断和选择最短路径将突发事件信息推送给合适的用户。应急推送服务模式如图 5-8 所示。

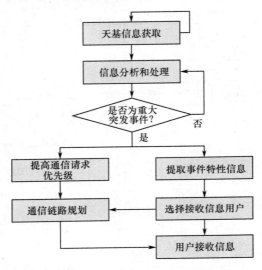

图 5-8　应急推送服务模式

应急推送服务模式的基本过程如下：

（1）天基信息系统按计划执行侦察监视和信息处理任务，获取和处理天基信息。

（2）若在信息分析和处理阶段，判断出为突发事件信息，则提取事件发生的位置、性质等特性信息，判断和选择信息接收方。

（3）与此同时，提高通信请求优先级，进行通信链路规划。

（4）以最短路径将信息推送给用户。

5.5.4　推送服务模式的特点和适用范围

主动推送、定制推送和应急推送这三种服务模式并不是完全割裂的，可根据需要单独使用，或结合使用。三种模式下，信息的推送都是由系统自动进行的，时效性较强；但主动推送服务模式下，需要对用户需求进行预测，预测的准确性决定推送信息的准确性；定制推送服务完全来自用户需求，因而比主动推送服务有更强的针对性;应急推送服务则更强调信息的时效性,要求系统对用户的作战任务和职能等有清楚的了解,同时对通信服务有着较高的要求,以便把应急信息及时地推送给合适的用户。三种推送服务模式比较见表 5 - 1。

表 5 - 1　三种推送服务模式比较

推送服务模式	特　点	执行方式	适用范围
主动推送服务模式	需要预测模型支持,针对性有限,时效性较强	系统自动执行	战区预警信息 重要目标侦察信息
定制推送服务模式	不需要模型支持,针对性强,时效性强	用户驱动,系统自动执行	战场气象信息、环境信息战区预警信息、卫星过顶预报信息等
应急推送服务模式	需要对信息内容进行分析和判断,时效性要求高	事件驱动,系统自动执行	突发事件信息

5.6　天基信息在线共享服务模式

5.6.1　在线数据共享服务模式

在线数据共享服务模式是用户通过登录门户网站,获得相应的天基信息访问权限,进行天基信息的查询和下载。这种模式是用户参与的一种被动服务模式,由于天基信息的海量和复杂性,信息的查找可能难以一次达到目的,需要不断地逼近目标。这个过程类似于常见的用户通过网络查找所需信息的过程,是一个探索式的、循环式的不断明确和接近目标的过程。

Kuhlthau 将信息查找过程分为六个阶段:

(1) 任务开始(Task Initiation)。该阶段用户在经验基础上理解自己的任务,并进行主题归属分析,主要完成任务初始化工作,情感上因不确定性而呈现担忧心态。

(2) 主题选择(Topic Selection)。具体选择和确定主题。该阶段迷茫但有些许兴奋。

(3) 焦点形成前探索(Prefocus Exploration)在大致了解主题、初步掌握要点之后,用户可能会产生新的疑问甚至是对未知的恐惧,此时还不能精确地表达信息需求。

(4) 焦点形成(Focus Formulation)。由于产生更深刻的联想,用户情绪变得乐观起来,对完成任务充满信心。

(5) 信息收集(Information Collection)。通过对信息进一步查找、确定及扩展,用户开始组织相关信息的活动,此时信息及能力增强,兴趣增加。

(6) 信息呈现(Information Presentation)。信息查询进入收尾阶段,用户进行独立的综合思考,情感开始放松,并充满了满足感。

针对网络信息查找行为,Chun Wei Choo 专门构造了一个模型,定义了网络信息查找的四个主要模式:间接浏览、条件浏览、非正式检索、正式检索,并说明了在每一种模式下会发生何种信息查找活动(表5-2)。

表5-2　网络信息查找的主要模式

查找模式	信息需求	信息查找	信息使用
间接浏览	兴趣的范围,明确需求	"广泛地" 对能够获得的各种信息源进行广泛的浏览	"浏览性的" 偶然发现
条件浏览	认识到兴趣的主题	"识别的" 根据预先确定的兴趣主体,在预先选定的信息源里进行浏览	"学习性的" 增加关于兴趣主题的知识
非正式检索	创建简单的查询	"满意的" 利用合适的检索工具,根据主题或范围进行检索	"选择性的" 在小范围内有选择地增加知识
正式检索	详细地确认目标	"最优化" 遵循一定的方法或过程,系统收集某实体的信息	"检索性的" 正式使用信息

参考 Kuhlthau 的六阶段信息查找过程,结合 Chun Wei Choo 的网络信息查找模型,在线数据共享服务模式下用户对天基信息的获取采用的是检索模式,检索可以基于主题、内容和类型等,也可进行组合检索。对于检索的结果可通过在线功能共享模式调用信息处理功能,由用户根据自身需要生成更高一级的情报产品。在线数据共享服务模式如图5-9所示。

在线数据共享服务模式的基本过程如下:

(1) 用户登录门户网站,通过身份和权限验证。

(2) 用户选择相应的天基信息数据库;选择信息检索方式;选择检索工具;然后开始检索。

(3) 检索结果返回并显示在用户终端,若满足需求,则根据权限下载相应信息。

(4) 若结果不满足需求,则判断原因,若需进一步处理,则调用信息处理服务,获得处理结果;若需进一步检索,则调整检索方式等,重新开始检索。

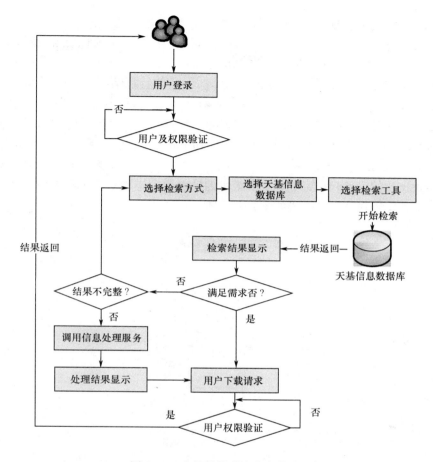

图 5-9　在线数据共享服务模式

（5）经过逐步的调整和处理，逼近并满足用户需求。

5.6.2　在线功能共享服务模式

在线功能共享模式是比较简单的直接服务模式，用户通过门户节点的软件服务接口，直接调用权限内的功能软件，软件功能的更新和升级由系统自动在后台进行，用户只需按规定的接口调用即可。这就是软件即服务（Software as a Service，SaaS）模式，是目前最为常见且使用最多的一种云计算服务模式，本质上就是云计算服务提供商根据用户某种特定需求提供其消费的计算能力，针对的是最终用户，使用户可以方便地共享软件服务功能，而不必再负担基础结构、应用程序管理、监控、维护和灾难恢复等成本。

在面向服务体系中，原来基于客户端软件的服务模式已经发生变化，已经从

117

产品模式直接向服务模式转化。这种服务模式不需要用户购买或申请配发软件,然后将软件安装在自己的用户终端上,而是根据某种协议直接通过网络从专门的提供商获取所需要的软件。天基信息系统中分布着大量的天基信息处理等功能软件,如信号情报处理、图像情报处理、测量与特征情报处理以及情报综合集成等,这些功能软件常配置在各类信息处理中心,进行专业的情报处理工作。在天基信息服务体系下,通过用户申请和系统授权,这些功能软件可以以功能服务的形式供用户使用,用户只需了解软件功能应用的方法、数据输入输出格式等,而不必安装相应的软件系统就可以共享软件功能,也不必关心是由哪个系统提供、如何提供等细节,更不必对所提供的功能服务进行维护和升级等。

在线功能共享服务模式如图 5 - 10 所示。

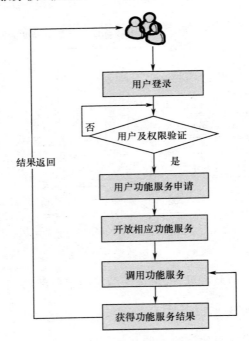

图 5 - 10　在线功能共享服务模式

在线功能共享服务模式的基本过程如下:

(1) 用户登录门户网站,通过身份和权限验证。

(2) 用户申请功能服务,获得权限内的功能服务。

(3) 按照规定的接口调用相应的功能服务,获得功能服务结果。

(4) 用户权限内的功能服务可进行重复调用,以满足用户需求。

随着未来作战军事行动不断加快的节奏,为了缩短情报周期,及时将信息传

118

递给用户,可能会要求一些未经分析和处理的天基侦察信息同时让指挥官、情报分析人员和武器平台得到。这样相对原始的信息需要专业的信息处理软件协助进行图像的判读等工作,通过在线功能共享模式,指挥官、情报分析人员和武器平台可根据需要同时对所获信息进行处理,将大大缩短情报流程,提高快速响应能力。

5.6.3　在线共享服务模式的特点和适用范围

在线共享服务模式是由用户参与的自助性服务模式,是面向服务体系下的B/S模式和云计算服务模式的综合,这两种模式分别对应不同的服务目标,特点和执行方式也有所区别,具体见表5-3。

表5-3　在线共享服务模式的特点和适用范围

在线共享服务模式	特　点	执行方式	适用范围
在线数据共享服务模式	需要用户不断探索,逐步逼近,针对性由用户的经验和对天基信息系统的了解决定,时效性不强	用户在线浏览、查询、下载	历史信息,供情报综合集成分析使用,常与在线功能共享服务结合使用
在线功能共享服务模式	需要用户了解软件功能和输入输出接口,针对性较强,时效性强	用户在线访问、执行	信息处理等功能,常与在线数据共享服务结合

5.7　天基信息协同服务模式

协同是系统各要素之间的合作、协调、同步、互补,是系统趋于有序、稳定的关键性因素。如果一个系统发挥了好的协同效应,有序化和组织化程度就高,各元素之间就会相互促进、相互增益,共同增强系统的整体功能。一般来讲,存在三个层次的协同关系,战略协同、战役协同和战术协同。其中,战略协同定义为按照战略意图或统一的战略计划进行的协调配合,如战略方向、战略区、战略集团之间的协同,通常由统帅部组织;战役协同定义为各种作战力量共同遂行战役任务时,按照统一计划在行动上进行的协调配合,通常以担负主要作战任务的军兵种部队为主,按照任务(目标)、时间、空间、电磁频谱等组织,目的是确保各种战役力量协调一致地行动,发挥整体作战效能;而战斗协同定义为各种作战力量共同遂行战斗任务时按照统一计划在行动上进行的协调配合,通常以担负主要战斗任务的战术兵团或部队、分队为主,按照任务(目标)、时间、空间、电磁频谱等组织。目的是确保各种战斗力量协调一致地行动,发挥整体作战效能。由此可见,无论在战略、战役和战术层次,军事上协同的核心是要实现"行动上的协调配合",是围绕作战目的使各种作战力量协调的作战行动,需要跨越多种作战力量(系统)进行协调配合,共同遂行作战任务。天基信息服务体系作为一种网络中心、面向服务的体系,对多种异构系统组成,要实现协同,需要多个天基信息子系统间进行横向和纵向的联盟与合作。如实时目标指示任务下,需要侦察卫星系统之间、通信卫星系统之间、侦察和通信卫星系统之间进行协同,共同完成目标信息的实时获取、处理和传输服务,如图5-11所示。

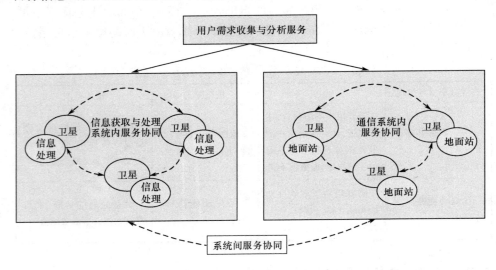

图5-11　实时目标指示任务的服务协同示意图

根据未来信息化战争对天基信息的需求和天基信息服务体系中服务资源的能力和特性,可将天基信息协同服务模式分为时域协同服务模式、频/谱域协同服务模式、空域协同服务模式和混合协同服务模式四类。

5.7.1　时域协同服务模式

时域协同服务模式就是调度天基信息资源,使其能在给定的时间范围内对地面目标或区域进行不间断的观测,并按时间顺序进行航迹融合等,获得一定时间范围内目标的变化(如运动轨迹)。除同步卫星外,对于低、中轨道卫星的轨道特性,对地观测类卫星对地面目标的重访周期一般较长,要获得对目标的不间断侦察,就需要多颗卫星按一定的时间顺序对给定目标进行观测,每一颗卫星都要在前一个卫星侦察的基础上,接收目标指示信息,进行目标接替。此模式的关键在于卫星的动态任务规划和调度,因为一般来讲,此模式常用于对运动目标的侦察监视,由于目标的动态性,其地理位置和环境随时间而变,因此及时处理卫星所获信息,进行目标识别和判读,利用获得的目标信息指引下一卫星协同侦察。不同阶段所获取的信息在进行下一步处理或传递给用户的同时,进行编目并写入相应的卫星信息数据库,以便与其他用户共享。时域协同服务模式如图 5 - 12 所示。

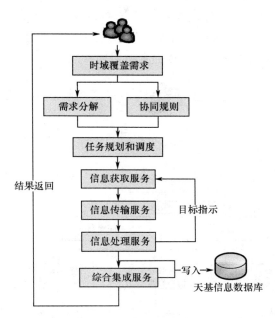

图 5 - 12　时域协同服务模式

5.7.2　频/谱域协同服务模式

频/谱域协同服务模式就是调度天基信息资源,对给定的目标或区域进行频谱覆盖,获得目标或区域的全频/谱域信息。电磁频谱是电磁波按频率或波长分段排列所形成的结构谱系,电磁频谱的频率范围为零到无穷,各种不同形式的电磁波占用不同的频率范围,按频率增加的顺序依次为无线电波、红外线、可见光、紫外线、X 射线和 γ 射线。由于目标的频谱特性和卫星的载荷特性不同,卫星的信息获取能力有所区别。以成像侦察卫星为例,按获取图像信息的传感器不同,可分为光学型和雷达型,光学成像侦察卫星又根据载荷的不同分为可见光、红外、多光谱和超光谱成像侦察卫星等。其中,可见光成像的地面分辨率最高,但受天气影响较大,阴雨天、有云雾及夜间都不宜工作;红外成像可以在夜间工作,并具有一定的伪装揭示能力;多光谱成像可以获得更多的目标信息;超光谱成像的光谱分辨率为纳米级,可以有效识别伪装,也可以发现浅海的水下目标;雷达成像侦察卫星(如SAR)具有一定的穿透地表层、森林和冰层的能力,可以克服云雾雨雪和黑夜条件的限制,与光学成像侦察卫星相配合,可实现全天候、全天时的侦察。电子侦察卫星主要用于侦收地方雷达、通信和导弹遥测信号,获取各种电磁参数和信号特征并对辐射源进行定位。电子侦察和成像侦察的配合,可以获得目标的光学和电子特征信息,有利于对目标的精准识别。此模式的关键在于根据战场环境、卫星轨道和载荷特性,对卫星系统的任务规划和调度,通过统一的指挥控制完成协同侦察任务。频域协同模式如图5-13所示。

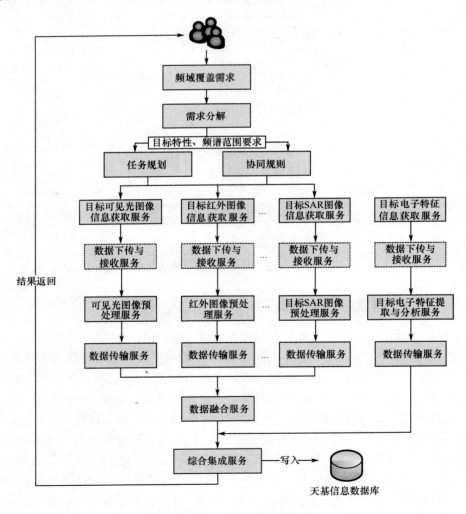

图5-13 频域协同服务模式

5.7.3　空域协同服务模式

空域协同服务模式就是调度天基信息资源,使其能在一定时间期限内对战区/热点地区进行区域覆盖,获得该战区/热点地区的目标观测信息、战场环境信息、预警信息等。由于卫星对地观测区一般为带状区域,单颗卫星难以形成对战区的全面覆盖,因此需要多颗卫星协同完成对战区的侦察监视任务。此模式的关键在于根据战场环境、卫星轨道和载荷特性,对卫星系统的任务规划和调度,通过统一的指挥控制完成协同侦察任务。空域协同模式一般为同类载荷对侦察区域的多次侦察,然后对多次侦察结果进行拼接,形成对某区域所有可观测目标的信息综合。空域协同服务模式如图 5-14 所示。

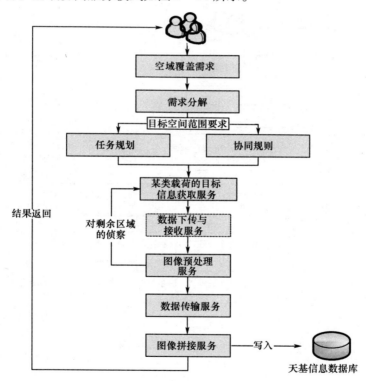

图 5-14　空域协同服务模式

5.7.4　混合协同服务模式

混合协同服务模式就是考虑用户对天基信息的时域、频域、空域的综合需求,统一调度天基信息资源,使其能获得完整、精确的战场信息,并及时传递给用户。这种协同模式需要综合考虑信息获取、处理、传输等多种服务,复杂度较高,而且,不同的协同信息支援需求下,参与协同的资源、协同时间和协同方式有较大的区别,需要在一定的协同规则支持下,统一进行任务规划和分配。总的来讲,混合协同服务模式是以上时域协同、空域协同和频域协同模式的综合,服务资源之间的关系既有并联关系,各服务之间按规划结果各自执行自己的任务,最后结果进行统一的集成;也有串联关系,各服务之间需要通过标准的服务接口进行数据传递,或作为后一服务的驱动。混合协同服务模式如图 5 – 15 所示。由于混合协同服务模式较为复杂,因此图 5 – 15 为示意图,表明各服务之间的复杂协同关系,在实际应用时,应根据任务要求、服务资源能力和协同规则具体化协同模式。

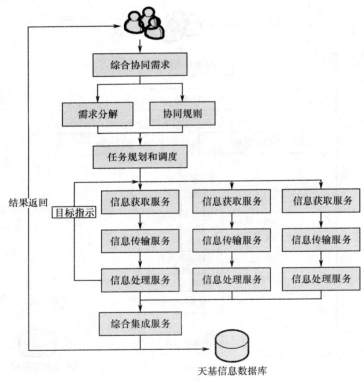

图 5 – 15   混合协同服务模式

5.7.5   协同服务模式的特点和适用范围

协同服务模式是天基信息服务模式中最为复杂的一种,因为在协同模式下,需要整合传感器、数据、通信、指控等多种资源,在同一作战目标下进行统筹规

124

划,达到整体最优。在这类服务模式下,军事规则是基础,任务规划是关键,目前对天基信息系统的任务规划研究较多,这里不再赘述。下面对天基信息协同服务模式的四种形式进行对比分析,见表5-4。

表5-4　协同服务模式的特点和适用范围

协同服务模式	特　点	执行方式	适用范围
时域协同服务模式	按时间顺序调度服务资源,需要任务规划模型支持,复杂度较高,资源整合能力较强	统一规划,分散执行,最后综合	目标或区域的动态跟踪监视信息,注重信息的实时性和持续性
频域协同服务模式	按频谱覆盖要求调度服务资源,需要统一的时间和空间基准,需要任务规划模型支持,复杂度较高,资源整合能力较强	统一规划,分散执行,时间、空间对准后融合处理	目标的不同特征信息,注重信息的完整性和可靠性
空域协同服务模式	按区域范围要求调度服务资源,需要统一的空间基准,需要任务规划模型支持,复杂度较高,资源整合能力较强	统一规划,分散执行,最后进行拼接和综合	作战区域的所有可观测目标信息,注重信息的全面性
混合协同服务模式	协同规则复杂,需要任务规划模型支持,复杂度高,资源整合能力很强	统一规划,分散执行,分级综合	全时域、全频域和全空域的覆盖,如实时目标指示、综合态势感知等,注重信息的持续性、完整性和全面性

5.8　天基信息服务模式实现的支持模型

在以上描述的天基信息服务模式中,需要两类模型的支持:一类是主动推送模式下,需要对用户需求进行预测,以便有针对性地计划和执行服务;另一类是协同服务模式下,需要建立任务规划模型,统一协调各类天基信息服务资源。关于卫星协同任务规划,目前相关研究较多,主要是采用 MAS(Multi Agent System) 技术,力求尽量减少人的干预,实现任务规划的自动化和智能化,如张正强等开展了基于 MAS 的分布式卫星系统任务规划研究;王红飞等设计了基于 MAS 的卫星计划调度系统智能机制;程思微等采用 MAS 技术来实现多星协同侦察任务;等等。也有多篇硕士、博士论文专门对基于 MAS 的卫星协同任务规划进行了深入研究,因此这里不再赘述。而主动推送模式下的用户需求预测,目前常用的方法包括兴趣度挖掘法、趋势外推法、回归分析法、时间序列预测法、灰色系统模型预测法等,常用于解决网络用户的购买需求行为预测、图书情报借阅行为的预测等,但对于作战信息服务而言,一方面作战过程遵循一定的作战规则,需求也有一定的规律性;另一方面,由于战争的随机性,作战行动的推进受多种因素的影响,所需信息随作战进程的推进而变化,常用的预测方法很难进行准确预测。本节重点探讨如何利用作战经验,预测出符合作战规则的战场用户情报信息需求。

主动推送服务模式是根据作战规则和作战经验,对用户的作战任务、作战行动和行为习惯进行研究、分析,推断用户的情报服务需求,向用户主动推送其可能需要的、有针对性的天基信息。主动推送模式的关键是对情报用户的需求进行准确预测,从而有针对性地向用户推送起未来所需的情报信息。目前,利用已有的经验、案例(范例)来解决新的问题,这种案例推理(Case – Based Reasoning,CBR)方法已在应急物资需求、故障诊断、法律案例分析和辅助决策中得到了广泛的应用。下面应用案例推理方法,设计情报需求预测案例分析的工作流程,建立案例属性描述模型,应用最近邻法进行案例的相似度评价,并通过信息增益的计算确定每个属性的权值,对相似案例进行匹配,提出方案调整和推理策略,最后通过实例说明应用过程和结果。

5.8.1　案例推理方法及其工作流程

案例推理是目前人工智能中一种新兴的推理方法,它是一种模仿人类推理和思考过程的方法论,也是一种构建智能计算机系统的方法论。其核心思想是进行问题求解时,使用以前求解类似问题的经验和获取的知识来推理,针对新旧情况的差异作相应的调整,从而得到新问题的解并形成新的案例加入到案例库中,随着案例库的增长,系统的经验将会越来越丰富。案例推理主要采用匹配的方法,找出与问题相似的案例,其理论基础是相似原理。对于天基信息服务需求预测,案例推理的工作流程如图 5 – 16 所示,工作流程描述如下:

(1) 问题描述:建立目标案例模型,对作战任务进行描述。

(2) 案例检索:对案例库进行检索,通过案例相似度评价,获得满足一定相似度的匹配案例。

(3) 案例匹配:若案例相似度大于给定的阈值,则认为有与目标案例情况一致的案例,则对解决方案进行适当的调整和修改,生成当前作战任务的情报需求预测方案,并提交给用户。

(4) 案例推理:如果不能找到相似度大于阈值的案例,则通过比较相似或相关案例,从这些案例中获得相关信息需求的知识,运用推理手段组合生成当前任务的情报需求预测方案,并提交给用户。

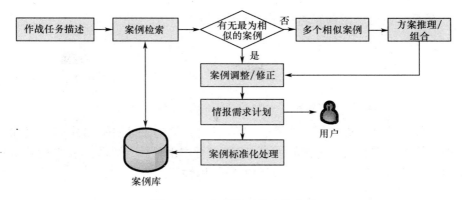

图 5 - 16 案例推理的工作流程

（5）案例学习：对新的案例进行标准化处理，并添加到案例库中。

5.8.2 基于案例推理的用户需求预测模型

1. 用户需求预测案例属性描述模型

案例表示主要解决案例所应包含的信息，是进行案例推理的基础。在案例推理系统中，对某个问题的表述及相应的解决方案通常由一个或多个案例来表述，这些案例按照一定的结构和模式组织在案例库中，表现案例的结构和主要特征属性。案例一般由问题的描述、相应的解决方案以及方案实施效果三部分组成，常用的案例表示方法有案例特征属性法、框架表示法、基于 XML 的表示法和面向对象表示法，其中，案例特征属性法是比较简单的描述方法，一般采用二维表格的决策系统形式来表示，即 $S = (U, A, V, E)$。其中，U 定义为非空有限集，即案例全域；A 代表案例的条件属性，是对案例问题的特征属性描述，$A = \{a_1, a_2, \cdots, a_n\}$；$V$ 代表案例的决策属性，是对案例的解决方案部分的特征属性描述，$V = \{v_1, v_2, \cdots, v_m\}$；$E$ 代表案例的效果属性，是对案例的应用效果的特征属性描述，$E = \{e_1, e_2, \cdots, e_l\}$。在二维决策表中，行代表案例对象，即案例库中的某个案例，列代表案例的属性（表 5 - 5）。

表 5 - 5 天基信息服务需求案例结构

编号	条件属性 A				决策属性 V				效果属性 E		
	作战目标	主战装备	...	地形地貌	情报类型	侦察装备	侦察范围	侦察时间	针对性	...	覆盖性
1	a_{11}	a_{12}	...	a_{1m}	v_{11}	v_{12}	v_{11}	v_{1n}	e_{11}	...	e_{1l}
2	a_{21}	a_{22}	...	a_{2m}	v_{21}	v_{22}	v_{11}	v_{2n}	e_{21}	...	e_{2l}
...	...	...	...	...	...	...	...	...	...	...	...

有 N 个案例的案例库的特征属性矩阵为

$$U = \begin{bmatrix} A & V & E \end{bmatrix} = \begin{bmatrix} a_{11} & \cdots & a_{1m} & v_{11} & \cdots & v_{1n} & e_{11} & \cdots & e_{1l} \\ \vdots & \ddots & \vdots & \vdots & \ddots & \vdots & \vdots & \ddots & \vdots \\ a_{N1} & \cdots & a_{Nm} & v_{N1} & \cdots & v_{Nn} & e_{N1} & \cdots & e_{Nl} \end{bmatrix} \quad (5-1)$$

目标案例是对作战任务的描述,对应的是案例的条件属性部分,突出作战任务中对情报需求有较大影响的因素,用于进行案例检索与匹配。按照案例库的基本形式,描述作战任务的目标案例的特征属性矩阵为

$$Y = \begin{bmatrix} y_1 & \cdots & y_m \end{bmatrix} \quad (5-2)$$

2. 案例检索与匹配模型

案例匹配是案例推理中的重要环节,目的是从案例库中发现与目标案例相类似的已有案例,并通过对相似案例的修改、推理等,获得当前问题的解决方案。案例匹配的关键是计算案例间的相似性,常用的方法有最近邻法、分类归纳法、连锁激活法、模糊逻辑法、启发式算法、神经网络方法等,这些方法分别对应于不同的案例存储和管理机制,算法的复杂度也有所差异。其中,最近邻法(K-Nearest Neighbour,K-NN)是最为广泛的方法,它是一种基于距离的相似性度量方法,这种方法是将目标案例的属性特征和候选案例集中案例描述的条件属性部分进行相似度计算,然后根据特征指标的权值计算出两个案例之间的相似度,对于二维决策表结构的案例库而言,该方法简单而有效。

基于距离的相似性度量方法一般有 Manhattan 距离、Euclidean 距离或 Mccosky 距离,这些度量方法往往要求属性全部为数值类型,但是,作战情报计划案例结构中的条件属性往往文本类型和数值类型混合,因此要区别对待。定义相似性计算方法如下:

(1) 属性的差异度计算:提取目标案例的第 j 个属性值 y_j 与案例库中第 i 个案例 U_i 的第 j 个属性值 a_{ij}。当属性为文本类型时,则属性的差异度 $d_{ij} = \begin{cases} 0 & (a_{ij} = y_j) \\ 1 & (a_{ij} \neq y_j) \end{cases}$;当属性为数值类型时,则首先将属性值进行标准化处理(以 Euclidean 距离法为例),以消除不同量纲的影响,然后计算属性的差异度 $d_{ij} = \sqrt{(a_{ij}' - y_j')^2}$。

(2) 差异度越小,则相似度越高,由此定义属性的相似性函数为

$$d_{ij}' = 1 - d_{ij} \quad (d_{ij} \in [0,1]) \quad (5-3)$$

在实际应用中,每个属性在情报需求预测中所起的作用是不一样的,有的起

128

关键作用,有的则起次要作用,因此在进行案例相似度评价时要考虑每一个属性的权重。目标案例与案例库中案例 U_i 的相似度为

$$\text{Sim}(U_i, Y) = \sum_{j=1}^{m} \omega_j d'_{ij} \qquad (5-4)$$

式中:ω_j 为第 j 个属性的重要程度,即属性的权重 $(0 \leqslant \omega_j \leqslant 1, \sum_{i=1}^{n} \omega_i = 1)$。

属性权重反映了属性的相对重要程度,常用的属性权重确定方法是专家经验法,如层次分析法等,但这种方法主要依赖专家经验,主观性较强。通过计算案例样本条件属性集中的每一个属性的信息增益来确定权值,是一种有效的属性权重计算方法。因此,可以把案例集合看作一个符合某种规律分布的信息源,根据案例集合的信息熵和案例中属性的条件熵之间信息量的增益关系确定该属性在进行案例匹配时所能提供的信息量,即重要程度。

信息增益是信息熵的差,Gain(j) 含义为特征属性 j 在案例特征属性集合 A 中的信息增益,即特征属性 j 的权值。设案例样本中有 N 个案例,则特征属性 j 的信息增益的计算如下:

$$\text{Gain}(j) = H(A) - H(A/a_j)$$

式中:A 表示案例系统的条件属性集合;$H(A) = -\sum_{i=1}^{N} p_i \log_2 p_i$ 表示系统的熵,即案例条件属性集合 A 所能提供的信息量;$H(A/a_j) = -\sum_{i=1}^{N} p_i(A/a_j) \log_2 p_i(A/a_j)$ 表示特征属性 a_j 的条件熵,即观察到属性 a_j 后的信息熵,表示属性 a_j 所能提供的信息量。

设每个案例有 m 个条件属性,计算每一个条件属性的信息增益,可得到一个信息增益向量(Gain(1),Gain(2),$\cdots$,Gain(m)),进行归一化,即得案例条件特征属性 j 权重系数为

$$\omega_j = \frac{\text{Gain}(j)}{\sum_{j=1}^{m} \text{Gain}(j)} \qquad (5-5)$$

3. 方案调整和推理策略

将式(5-5)代入式(5-4)中,即可获得目标案例与已有案例的相似度 $\text{Sim}(U_i, Y)$。对于给定的阈值 ε,若 $\text{Sim}(U_i, Y)$ 大于阈值 ε,则 U_i 预案是对应该类作战行动的相似预案。通过对案例库中的每一个预案进行比较,可获得相似预案集 U'。

(1)若 $U' = \varnothing$,表示案例库中没有与目标案例高度相似的案例,用户可降

低阈值 ε，获得相似度略低的案例进行参考，或放弃参照已有案例。

（2）若 $|U'|=1$，表示 U' 中只有一个案例 U_i，则认为案例 U_i 为高相似度案例，其对应的 V_i 和 E_i 即为目标案例的最佳解决方案和效果评价。用户对案例 U_i 进行调整时，重点考虑与目标案例有较大差异的属性的影响，即 d'_{ij} 中具有最小相似度的属性的影响，获得案例解决方案特征属性，最终生成情报需求预测方案。

（3）若 $|U'|>1$，表示 U' 中有多个案例，则要利用相关推理方法，进行综合推理分析，得到案例解决方案特征属性，最终生成情报需求预测方案；常用的推理方法有回归分析、时间序列分析等，在进行物资需求等方面应用效果较好，但对于信息域的问题，这些方法有效性不佳，因此要利用专家经验，对各相似方案进行综合分析，获得案例解决方案特征属性，最终生成情报需求预测方案。

5.8.3　基于案例推理的用户需求预测实例分析

以某作战行动的情报需求为例说明前面模型和策略的应用。参照美军情报决策的相关，假设案例库中与该作战行动相关的案例有 8 个，案例库中条件特征属性有 7 个，分别为行动类型、作战目标、主战装备、作战时间、作战区域、气候特征和地形地貌，则描述作战行动的目标案例见表 5-6。

表 5-6　目标案例描述

行动类型	作战目标	主战装备	作战时间	作战区域	气候特征	地形地貌
目标打击	机场	M11	2030.10.6	(22.93,23.21) (120.33,122.67)	海洋性	山地

其中，属性1、2、3、6、7为文本类型，属性4、5为数值类型，对于数值类型的属性，首先要进行标准化处理，其中，属性4主要考虑的是不同季节对情报需求的影响问题，因此在进行标准化处理时，年份部分可滤去，然后按照相似度计算式（5-3）获得目标案例与案例库中7个特征属性的相似度：

$$D = \begin{bmatrix} 1 & 1 & 1 & 0.243 & 0.812 & 0 & 0 \\ 1 & 1 & 0 & 0.308 & 0.423 & 0 & 0 \\ 1 & 0 & 1 & 0.211 & 0.514 & 1 & 1 \\ 1 & 0 & 1 & 0.312 & 0.709 & 0 & 0 \\ 0 & 1 & 1 & 0.635 & 0.376 & 1 & 0 \\ 0 & 1 & 0 & 0.421 & 0.244 & 1 & 1 \\ 1 & 0 & 0 & 0.222 & 0.754 & 0 & 1 \\ 1 & 0 & 0 & 0.233 & 0.546 & 1 & 0 \end{bmatrix}$$

130

由式(5-5)，对案例样本中条件特征属性进行权重计算，获得每一个属性的信息增益，并进行归一化，可得7个条件特征属性的权值为

$$\omega = (0.255, 0.124, 0.319, 0.131, 0.122, 0.028, 0.021)$$

由式(5-4)，可得目标案例与案例库中的8个案例的相似度为

$$\mathrm{Sim}(U, y) = (0.8346 \ 0.3721 \ 0.7163 \ 0.7053 \ 0.6975 \ 0.2561 \ 0.3024 \ 0.2833)$$

若设定阈值 $\varepsilon = 8$，则案例1为高相似度案例，其对应的 V_1 和 E_1 即为目标案例的最佳解决方案和效果评价，相似度最低的是属性6和属性7，即气候特征和地形地貌与目标案例完全不同，要重点从这两个方面对案例进行调整，获得案例解决方案特征属性，生成用户需求预测方案；若设定阈值 $\varepsilon = 7$，则案例1、案例3和案例4均为高相似度案例，则召集专家进行综合推理分析，得出案例解决方案的特征属性值，生成用户需求预测方案。

基于案例推理的用户需求预测模型为主动推送模式的实现提供了技术支持，使得可以有效地利用作战经验和知识，合理预测符合作战规则的战场用户服务需求，增强主动推送服务的针对性和准确性，提高推送服务效率。

第 6 章　天基信息服务体系能力评价

从理论上讲,天基信息服务体系可以集成多种空间资源,为战略、战役和战术层次的作战指挥提供信息服务,是夺取未来战争信息优势的关键所在。但是,作为一种新型体系结构,天基信息服务体系服务作战能力尚未得到实践检验,因此需要采用技术手段进行评估。对天基信息服务能力进行评价可以找出体系设计中的瓶颈问题,为体系的优化决策提供依据,最终使体系的综合效能达到最优;在体系的设计和开发阶段,建立评价模型,研究系统的各种特性,解决一些关键问题,揭示各种方案的内在问题和薄弱环节,并依据一定的原则和指标选择最优方案,提供一些建设性的意见;在体系的验收和运行阶段,它可以提供有效的评价方法,为体系进一步的优化和完善提供依据。

6.1　服务能力与服务质量

1. 服务能力

关于服务能力的概念,目前尚无比较一致的看法。不太严格地说,可以指为满足用户特定需求提供准确、及时、便捷服务的能力。

服务能力是指一个服务系统(组织)提供服务的能力。根据服务系统(组织)的分类和自身特点以及运营管理上的需要的不同,对服务能力的具体认定也是千差万别的,但是它们的相同之处在于,它们都是服务提供者满足用户需求的能力。在服务管理领域,对服务能力的研究主要着眼点在于解决某一时期的服务供需矛盾,使得服务的成本与服务水平之间实现最佳的匹配。服务管理研究文献中,服务能力基本是由系统(组织)的有形资源,如设施、设备、人等来决定的。服务能力分析与规划的目的就是确定这些有形资源的数量与规模。J. A. Fitzsimmons 和 M. J. Fitzsimmons 在《服务管理运作、战略与信息技术》一书中给服务能力下了这样的定义:服务能力是指供应商一段时间内传送服务的本领。定义中的"一段时间"对于不同的服务提供者来说是不同的,可以是几十年,也可以是几小时。能力的大小取决于服务系统(组织)拥有的资源的多少,如服务设施、设备、劳动力等。当系统(组织)拥有既定数量的资源的时候,可以通过规划将资源转化为服务。进而将服务传递给所需顾客,满足顾客的需求。而服务能力最终则是通过服务企业满足顾客预期需求的能力来衡量的。另外,在图书资料服务领域,信息服务能力被定义为图书馆以信息资源为依托满足读者对文献信息需求的能力。它反映了一个图书馆的综合实力,是图书馆核心竞争力的重要体现。在企业管理领域,信息服务能力被定义为企业运用信息资源满足顾客和企业员工对企业内部及外部信息需求的能力。它是企业综合能力的一个表现,主要包括信息资源、系统性能、满意度、基础要素、服务方式等。

可见,对服务企业而言,服务质量是服务能力的核心,之所以把服务质量放在如此重要的位置是因为:首先,服务质量是服务企业竞争的重要手段;其次,提高服务质量对改善企业的服务绩效也有着重要影响;最后,服务产品与实体产品的不同之处在于,服务质量管理需要特殊的工具和技能,服务能力一般可以通过服务质量来衡量。

对于天基信息服务,其服务能力可定义为:以天基信息资源为依托,以天基信息服务体系为媒介,向用户提供信息获取、接收、处理、查询、传递、存储、检索、分发服务的能力。这里的用户是指陆、海、空、二炮等军兵种,各级各类指挥控制系统、武器装备及作战单元等。

2. 服务质量(Quality of Service,QoS)

有关质量概念的定义最初出现在 ISO8402 标准中:质量是有关实体的一组特性的总和,这些特性反映了该实体满足其被明确规定或隐含需求的能力。我国 GB3935.1—1983《标准化基本术语》中定义:"质量是指产品、过程或服务满足规定要求的特征和特性的总和。"简而言之,质量就是"符合规定,满足需求"。

ITU-T 标准化组织在 E.800 中是这样描述服务质量的:QoS 是一种服务性能的综合体现,这种服务性能决定了网络在多大程度上满足业务用户的要求。

服务具有与实体产品不同的特性(如无形性、顾客参与性、生产与消费同步性等),服务质量不同于有形产品的质量。因为服务质量具有"二元性",即服务质量包括技术质量和功能质量两个方面。对于服务的技术质量,顾客可感觉到他从中获得了"什么";对于服务的功能质量,顾客可以感觉到他是"怎样"获得的。服务质量是一种顾客感知的质量,即服务提供者所提供的服务的质量最终要由顾客进行主观的评价。

服务质量是一个综合评价指标,用于衡量使用一个服务的满意程度,描述关于一个服务的某些性能特点。另一种描述为:服务质量是指服务的使用者同服务的提供者之间的关于服务所能提供的质量的一种约定。该约定可以被理解为服务提供者与用户之间的一份服务契约,即服务提供者承担给定的服务质量。服务质量衡量了服务能够在何种程度上有效和高效地满足客户相关需求。一般地,QoS 是指系统在为用户提供服务时要求满足的一系列服务请求。

综上所述,服务质量是指服务能够满足规定和潜在需求的特征和特性的总和,是指服务工作能够满足被服务者需求的程度。服务质量是一个综合评价指标,用于衡量使用一个服务的满意程度,描述关于一个服务的某些性能特点。

6.2　服务能力评价指标体系

为全面、准确地反映天基信息服务能力状况,评价工作应有一个统一、合理的衡量标准,这一标准即为评价指标。由反映评价对象各个要素指标所构成的有机整体或集合,即为评价指标体系。评价指标体系不是一些指标的简单堆积和组合,其建立必须遵循一定的规则和流程,评价指标体系是否合理,直接影响到评价结论的正确与否。下面采用解释结构模型法(Interpretative Structural Modeling,ISM),构建一个统一、合理的天基信息服务能力评价指标体系。

6.2.1　评价指标体系构建的原则

天基信息服务体系是多种系统集成的复杂军事信息系统,是系统的系统,其体系结构复杂、技术含量高、任务实时性强,影响其服务能力的因素非常多。因此,为了建立合理的评价指标体系,应遵循以下原则:

(1)客观性原则。所选的指标应能客观地反映天基信息服务体系本身的性质特点以及面向作战的信息服务能力,有利于对天基信息服务体系的信息服务能力有全面透彻的认识。

(2)可测性原则。信息服务能力指标只有存在可测性,才能进行比较分析和评价,这要求指标能够进行量化处理,量化值能够通过数学公式计算,对于难以量化的因素,可采用专家打分法比较客观地给出其相对数值。

(3)一致性原则。能力指标要面向作战任务,信息服务能力指标体系的确立应与作战目标相一致。

(4)适用性原则。指标体系应能全面地反映服务体系所提供的针对作战需求的各项信息服务,特别是关键性的能力指标更应选准、选全。在实际应用中,并不是指标越多越好、越全面越好,关键要考察评价指标所起作用的大小。在选择评价指标时不可能把全部指标都考虑进去,只能选取一些最能反映系统优劣的指标,而剔除一些次要指标因素,突出适用性。

6.2.2　天基信息服务能力影响因素分析

天基信息服务能力是天基信息服务体系为各类用户提供所需信息服务的能

力。信息服务作为天基信息服务体系的一个重要能力,其目的是把获取的战场情报信息进行处理、综合,为指挥决策机构或作战单元提供信息支援。信息时代的作战,尤其是网络中心概念下的作战,对信息的要求是"在正确的时间、正确的地点,将有用的情报送到适当的用户手中",以达到"将正确的武器对准正确的目标"的目的。这说明信息质量标准要与战场态势、作战任务和武器平台有机地结合起来。根据前面对服务质量和服务能力的分析,可用天基信息服务质量表征天基信息服务能力。天基信息服务质量反映了天基信息服务体系的整体服务能力,由于天基信息服务体系的复杂性和功能的多样性,天基信息服务质量受多方面因素影响与制约。通过对天基信息服务体系及其服务能力的分析,针对天基信息服务质量这一关键问题,选择影响因素。设定关键问题为 S_0,表示天基信息服务质量,即天基信息服务能力,影响天基信息服务质量 S_0 的因素集为

$$S = \{ S_i \mid i = 1, 2, \cdots, n \} \qquad (6-1)$$

式中,S_i 表示第 i 个影响因素,该集合共包含 n 个影响因素。主要包括:S_1 为准确性;S_2 为完备性;S_3 为时效性;S_4 为协同性;S_5 为安全性;S_6 为可靠性;S_7 为目标识别精度;S_8 为目标跟踪精度S_9 为探测覆盖范围;S_{10} 为目标探测概率;S_{11} 为信息综合能力;S_{12} 为信息分发能力;S_{13} 为实时性;S_{14} 为反应时间;S_{15} 为访问时间;S_{16} 为信息共享能力;S_{17} 为网络连通能力;S_{18} 为信息协作能力;S_{19} 为信息管理能力;S_{20} 为保密能力;S_{21} 为抗干扰能力。

6.2.3　天基信息服务能力评价指标体系构建

建立科学合理的评价指标体系是进行天基信息服务能力评价工作的第一步。对于复杂系统,由于影响系统目标的因素众多,因素间关系复杂,单靠人工分析的方法难以理清层次和相互关系,需要借助一些工具和方法来辅助指标体系的构建。常用的指标体系构建方法有想定法、专家调查法和解释结构模型法等,其中,解释结构模型法是较为常用和有效的方法,它可以利用人的实践经验和知识,通过模型计算,理顺复杂的因素间的关系,使各因素间能以一个多级递阶的层次结构形式呈现,形成指标体系常用的形式——树形结构,为逐层的评估和综合奠定良好基础。

1. 解释结构模型原理及过程

解释结构模型方法是美国沃菲尔德教授于 1973 年提出的,用以分析复杂的社会经济系统问题,在军事上常用于对武器装备结构进行分析,其主要理论基础是图论中的相关理论和方法。它采用邻接矩阵来描述各类影响因素间的相互关

系,将复杂的因素间的关系分析转化为同构有向图的拓扑分析,通过连通性分析和回路集划分等一系列运算,发现因素间的关系,在此基础上通过分析人员的参与,整理出有层次结构的因素关系图,明确系统的结构特征。

ISM 的工作程序如下:

(1)组织实施 ISM 工作小组。小组成员一般以 10 人左右为宜,要求小组的人员由该领域的专家、有决策权的领导和掌握该方法的技术人员共同组成。

(2)设定问题,选择构成系统的要素。对所研究的问题进行界定,明确其边界和主要目标,通过会议、研讨等形式整理出问题的构成要素,并利用专家经验,形成一个较为合理的要素集。

(3)分析各要素的逻辑关系。进一步明确定义各要素,分析判断不同要素间的两两关系,获得各要素之间的二元关系。

(4)建立邻接矩阵和可达矩阵。根据要素间的二元关系,建立邻接矩阵;通过对邻接矩阵的计算或逻辑推断,得到可达矩阵。

(5)求解可达矩阵,建立结构模型。对可达矩阵进行系统连通性分析和系统回路集划分等,获得系统要素的层级,即系统递阶结构矩阵,建立递阶结构模型。

(6)根据结构模型建立解释结构模型。通过对要素的解释说明,建立起反映系统问题各要素层次关系的解释结构模型,即系统结构图或指标体系树。

2. 基于 ISM 的天基信息服务能力评价指标体系构建

通过对评价影响因素的分析,获得了天基信息服务能力评价影响因素集,下面利用 ISM 方法,明晰各影响因素之间的关系,构建天基信息服务能力评价指标体系,为后面的综合评价奠定基础。

1)建立邻接矩阵

邻接矩阵描述了系统中各因素两两之间的相互影响关系,即各要素经过长度为 1 的通路相互可以到达的情况。

邻接矩阵 A 中元素 a_{ij} 定义如下:

$$A = [a_{ij}] = \begin{cases} 1 & (S_i R S_j) \\ 0 & (S_i \bar{R} S_j) \end{cases} \qquad (6-2)$$

式中:R 表示 S_i 直接影响 S_j,$\bar{R}$ 表示 S_i 对 S_j 没有直接影响,$a_{ii}=0$;a_{ij} 与 a_{ji} 表示不同的含义,a_{ij} 表示 S_i 对 S_j 有直接影响,a_{ji} 表示 S_j 对 S_i 有直接影响。

根据式(6-2),通过 ISM 工作小组,调查、咨询前面所列出的 21 个影响因素之间的关系,获得描述天基信息服务能力影响因素集中各因素之间的信息传递关系的邻接矩阵,见表 6-1。

表 6 – 1　天基信息服务能力评价影响因素的邻接矩阵

	S_0	S_1	S_2	S_3	S_4	S_5	S_6	S_7	S_8	S_9	S_{10}	S_{11}	S_{12}	S_{13}	S_{14}	S_{15}	S_{16}	S_{17}	S_{18}	S_{19}	S_{20}	S_{21}
S_0	0	0	0	0	0	0	0	0	0	0	0	0	0	0	0	0	0	0	0	0	0	0
S_1	1	0	0	0	0	0	0	0	0	0	0	0	0	0	0	0	0	1	0	0	0	0
S_2	1	0	0	0	0	0	0	0	0	0	0	0	0	0	0	0	1	0	0	0	0	0
S_3	1	0	0	0	0	0	0	0	0	0	0	0	0	0	0	0	0	0	0	0	0	0
S_4	1	0	0	0	0	0	0	0	0	0	0	0	0	0	0	0	0	0	0	0	0	0
S_5	1	0	0	0	0	0	0	0	0	0	0	0	0	0	0	0	0	0	0	0	0	0
S_6	1	0	0	0	0	0	0	0	0	0	0	0	0	0	0	0	0	0	0	0	0	0
S_7	0	1	0	0	0	0	0	0	0	0	0	0	0	0	0	0	0	0	0	0	0	0
S_8	0	1	0	0	0	0	0	0	0	0	0	0	0	0	0	0	0	0	0	0	0	0
S_9	0	0	1	0	0	0	0	0	0	0	0	0	0	0	0	0	0	0	0	0	0	0
S_{10}	0	0	1	0	0	0	0	0	0	0	0	0	0	0	0	0	0	0	0	0	0	0
S_{11}	0	0	1	0	0	0	0	0	0	0	0	0	0	0	0	0	0	0	0	0	0	0
S_{12}	0	0	1	0	0	0	0	0	0	0	0	0	0	0	0	0	0	0	1	0	0	0
S_{13}	0	0	0	1	0	0	0	0	0	0	0	0	0	0	0	0	0	0	0	0	0	0
S_{14}	0	0	0	1	0	0	0	0	0	0	0	0	0	0	0	0	0	0	0	0	0	0
S_{15}	0	0	0	1	0	0	0	0	0	0	0	0	0	0	0	0	0	0	0	0	0	0
S_{16}	0	0	0	0	1	0	0	0	0	0	0	0	0	0	0	0	0	0	0	0	0	0
S_{17}	0	0	0	0	1	0	0	0	0	0	0	0	0	0	0	0	0	0	0	0	0	0
S_{18}	0	0	0	0	1	0	0	0	0	0	0	0	0	0	0	0	0	0	0	0	0	0
S_{19}	0	0	0	0	1	0	0	0	0	0	0	0	0	0	0	0	0	0	0	0	0	0
S_{20}	0	0	0	0	0	1	0	0	0	0	0	0	0	0	0	0	0	0	0	0	0	0
S_{21}	0	0	0	0	0	1	0	0	0	0	0	0	0	0	0	0	0	0	0	0	0	0

2）构建可达矩阵

可达矩阵 R 指用矩阵形式来描述邻接矩阵中各元素之间经过一定长度（不大于 $n-1$）的通路后可以到达的程度，可达矩阵的重要特性之一是推移特性。推移特性是指当要素 S_i 经过长度为 1 的通路直接到达要素 S_j，而 S_j 经过长度为 1 的通路直接到达 S_k，则 S_i 经过长度为 2 的通路一定可以到达 S_k。

依据邻接矩阵 A 和可达矩阵的推移特性，按照式（6 – 3）、式（6 – 4）、式（6 – 5）对邻接矩阵进行推移运算，即可得到可达矩阵 R，见表 6 – 2。

$$A_r = (A + I)^r \tag{6 – 3}$$

$$A_1 \neq A_2 \neq \cdots \neq A_r = A_{r+1} = A_n \tag{6 – 4}$$

$$R = A_{r+1} = A_n = (A + I)^n \tag{6 – 5}$$

其中，式（6 – 5）中矩阵运算为布尔代数运算；$2 \leq r \leq n+1$，$n+1$ 表示矩阵阶数，经计算 $r = 2$。

表 6 - 2　天基信息服务能力评价影响因素的可达矩阵

	S_0	S_1	S_2	S_3	S_4	S_5	S_6	S_7	S_8	S_9	S_{10}	S_{11}	S_{12}	S_{13}	S_{14}	S_{15}	S_{16}	S_{17}	S_{18}	S_{19}	S_{20}	S_{21}
S_0	1	0	0	0	0	0	0	0	0	0	0	0	0	0	0	0	0	0	0	0	0	0
S_2	1	0	1	0	1	0	0	0	0	0	0	0	0	0	0	0	0	1	0	0	0	0
S_3	1	0	0	1	0	0	0	0	0	0	0	0	0	0	0	0	0	0	0	0	0	0
S_5	1	0	0	0	0	1	0	0	0	0	0	0	0	0	0	0	0	0	0	0	0	0
S_6	1	0	0	0	0	0	1	0	0	0	0	0	0	0	0	0	0	0	0	0	0	0
S_7	1	1	0	0	0	0	0	1	0	0	0	0	0	0	0	0	0	0	0	0	0	0
S_8	1	1	0	0	0	0	0	0	1	0	0	0	0	0	0	0	0	0	0	0	0	0
S_9	1	0	1	0	0	0	0	0	0	1	0	0	0	0	0	0	0	0	0	0	0	0
S_{10}	1	0	1	0	0	0	0	0	0	0	1	0	0	0	0	0	0	0	0	0	0	0
S_{11}	1	0	1	0	0	0	0	0	0	0	0	1	0	0	0	0	0	0	0	0	0	0
S_{12}	1	0	0	0	1	0	0	0	0	0	0	0	1	0	0	0	0	0	1	0	0	0
S_{13}	1	0	0	1	0	0	0	0	0	0	0	0	0	1	0	0	0	0	0	0	0	0
S_{14}	1	0	0	1	0	0	0	0	0	0	0	0	0	0	1	0	0	0	0	0	0	0
S_{15}	1	0	0	1	0	0	0	0	0	0	0	0	0	0	0	1	0	0	0	0	0	0
S_{16}	1	0	0	0	1	0	0	0	0	0	0	0	0	0	0	0	1	0	0	0	0	0
S_{17}	1	0	0	0	1	0	0	0	0	0	0	0	0	0	0	0	0	1	0	0	0	0
S_{18}	1	0	0	0	1	0	0	0	0	0	0	0	0	0	0	0	0	0	1	0	0	0
S_{19}	1	0	0	0	1	0	0	0	0	0	0	0	0	0	0	0	0	0	0	1	0	0
S_{20}	1	0	0	0	0	1	0	0	0	0	0	0	0	0	0	0	0	0	0	0	1	0
S_{21}	1	0	0	0	0	1	0	0	0	0	0	0	0	0	0	0	0	0	0	0	0	1

3）建立结构模型

因素 S_i 的可达集 $R(S_i)$ 是指：由可达矩阵中第 i 行所有取值为 1 的元素对应的要素组成：

$$R(S_i) = \{S_j \mid a_{ij} = 1\} \tag{6-6}$$

因素 S_i 的前因集 $A(S_i)$ 是指：由可达矩阵中第 j 列所有取值为 1 的元素对应的要素组成：

$$A(S_i) = \{S_j \mid a_{ji} = 1\} \tag{6-7}$$

设 $\prod(S_i)$ 表示要素 S_i 的可达集 $R(S_i)$ 与前因集 $A(S_i)$ 的交集，则

$$\prod(S_i) = R(S_i) \cap A(S_i) \tag{6-8}$$

计算满足条件的元素，即是系统的共同要素，去掉共同要素，然后重复本步骤，依次分出系统的第 2 层、第 $n-1$ 层，直至最上层要素。

根据表 6 - 2 的可达矩阵，运用式（6 - 6）、式（6 - 7）、式（6 - 8）进行数据分析，部分数据见表 6 - 3。

138

表 6 - 3　一级要素

因素	$R(S_i)$	$A(S_i)$	$\prod(S_i)$
S_0	0	0 ~ 21	0
S_1	0、1、4、18	1、7、8	1
S_2	0、2、4、18	2、9、10、11、12	2
S_3	0、3	3、13、14、15	3
…	…	…	…
S_{20}	0、5、20	20	20
S_{21}	0、5、21	21	21

根据上述流程,可将影响天基信息服务质量的因素集描述为一个三级递阶层次结构:

第一级:$\{S_7、S_8、S_9、S_{10}、S_{11}、S_{12}、S_{13}、S_{14}、S_{15}、S_{16}、S_{17}、S_{18}、S_{19}、S_{20}、S_{21}\}$

第二级:$\{S_1、S_2、S_3、S_4、S_5、S_6\}$

第三级:$\{S_0\}$

按照层次级别的划分顺序,找出每个级别上各因素之间的关系,即可建立天基信息服务能力评价因素的结构模型,如图 6 - 1 所示。

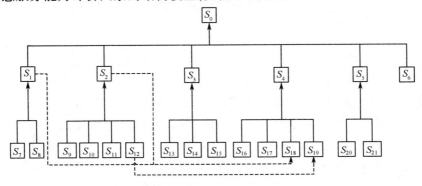

图 6 - 1　天基信息服务能力评价因素结构模型

4）建立解释结构模型

图 6 - 1 描述了评价因素结构模型,将其中代码换成天基信息服务能力评价因素名称,可以得到系统解释结构模型,也就是天基信息服务能力评价指标体系,如图 6 - 2 所示。需要说明的是,ISM 分析结果表明,S_1 和 S_2 对 S_{18}、S_{12} 对 S_{19} 有影响,这种影响可通过获取指标值来体现,所以在构建指标体系时,不作为单独的下级指标存在。

139

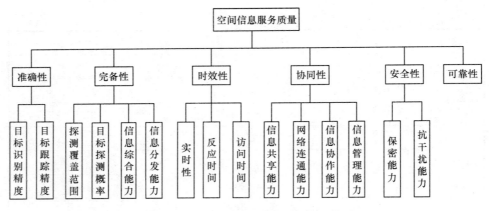

图 6 - 2　天基信息服务能力评价指标体系

3. 天基信息服务能力评价指标分析

1）准确性

准确性是指规定任务区域内战场感知态势中敌对方目标的特征与真实目标特性相吻合的程度。不论是在信息获取过程还是在融合处理过程,对准确性的要求均为处理后的信息与真实目标特征的吻合程度,其中,信息获取的准确性是融合处理准确性的基础,只有信息获取准确,为融合处理提供准确的基础数据,在融合处理阶段才可能对探测目标进行准确分类,才可能对动态目标进行准确跟踪。

（1）目标识别精度。目标识别是确定目标类别的过程。对于不同的探测器具有不同的特点,所获取的目标特征也不尽相同。但可以肯定的是,目标特征获取得越多、越准确,目标识别的结果也越准确。

（2）目标跟踪精度。目标跟踪是确定目标运动轨迹的过程。不同的探测器有着不同的特点,所采用的跟踪方式也不一样,目标跟踪精度也就不同。

2）完备性

完备性指采集、融合处理和分发过程中信息的完整性。在作战中,信息的不完整可能导致指挥控制和目标打击等不科学、不准确,因此完备性常用于评价情报信息的质量。完备性要求传感器能在复杂的战场环境中尽可能地揭示伪装,有效探测识别其覆盖范围内的目标,并能有效分类和融合处理,产生完备的战场态势信息并分发到用户。但在许多实际作战过程中,信息完备性常常需要更多的时间来保证,而战场瞬息万变,战机稍纵即逝,要获得绝对的完备性既是不现实的,也是不必要的,只要所获信息能够及时满足该次作战需求,即可认为信息就是完备的。因此,这里的完备性是一个相对的概念,指具备作战行动和指挥决策所需敌方部队的关键特性信息。即根据决策需要,获取部分部队的特性即能满足需要。

（1）探测覆盖范围。探测覆盖范围是指侦察卫星对地面战场的侦察监视范围，根据卫星轨道和载荷性能，通过星下点轨迹和地面扫描幅宽可求得系统的覆盖范围。对于给定的探测任务，覆盖范围可用百分比表示，例如，200%表示传感器系统能够在给定时间内有效扫描作战区域两次，60%则表示传感器在给定时间内只能扫描作战区域的60%。

（2）目标探测概率。目标探测概率是指在一定时间内探测到目标的概率，目标探测分为间歇搜索目标和连续搜索目标两种探测类型，且连续搜索可视为间歇式搜索的特例。

（3）信息综合能力。信息综合能力是对传感器获取的各类目标信息进行融合处理的能力。不同的传感器所获得的目标类型不同，有的是通过光学成像获取的目标信息，有的是通过电子侦察获取的目标信息，有的是通过微波成像获取的目标信息。对这些目标信息进行综合处理就是将多源信息进行归一化处理、智能融合处理和信息深度挖掘处理，从而获得面向各层次用户的、完备的情报信息。

（4）信息分发能力。完备性要求每个用户在规定的时间内接收到其所需信息，因此，信息分发能力主要考察的是有效信息的送达能力，对于天基信息服务体系而言，由于用户复杂分散，对信息的需求不一，难以有一个统一的标准来衡量信息分发能力，需要通过统计所有用户接收到处理信息的概率来进行评价。

3）时效性

战场信息瞬时万变，及时、最新的信息对于作战行动决策十分重要。时效性是指从感知信息到产生作战态势并分发到用户所需的时间。因此时效性可以从实时性、反应时间和访问时间三个方面进行分析。

（1）实时性。实时性是指收集到信息的时间与信息代表的客观事件发生时间的间隔，即信息获取设备从开始工作，到收集到信息结束工作的时间。

（2）反应时间。反应时间是指从收到天基信息用户提出服务请求到服务资源卫星到达目标区域开始获取情报信息的时间。反应时间越小，信息服务能力越强。

（3）访问时间。访问时间是指天基信息服务体系的服务信息存储库对用户的访问做出反应的时间。

4）协同性

协同是系统各要素之间的合作、协调、同步、互补，是系统趋于有序、稳定的关键性因素。如果一个系统发挥好了协同效应，有序化和组织化程度就高，各要素之间就会相互促进、相互增益，共同增强系统的整体功能。美军联合出版物

J‐02把协同能力定义为"系统、单元或作战部队进行服务交流,并共同实施有效作战的能力"。

天基信息服务体系作为一种以网络为中心、面向服务的体系架构,由多种异构系统组成,要实现协同,需要多个天基信息子系统间进行横向和纵向的联盟与合作。如实时目标指示任务下,需要侦察卫星系统之间、通信卫星系统之间、侦察和通信卫星系统之间进行协同,共同完成目标信息的实时获取、处理和传输服务。天基信息服务体系采用 SOA 技术把各类天基信息子系统整合为一个复杂大系统,有效地增强了系统协同能力。

协同能力指标描述如下:

(1)信息共享能力。信息共享是作战实时协同的基础。信息共享能力是指天基信息服务体系中各作战单元和服务对象对相关信息的共享程度,它直接影响实时协同的水平,是表征网络化条件下实时协同能力的一个战术指标。

(2)网络连通能力。网络连通能力是指天基信息服务体系中的各个节点有效连通的能力。天基信息服务体系可以获取、处理海量的战场所需信息,这些信息需要及时地传递给各级各类用户,这就需要各节点间具有良好的连通性。对一个特定信息元素 a_l 的获取能力,即网络连通能力,用 $k_l(0 < k_l < 1)$ 表示。它跟此信息元素所经过路径的最小距离或最小花费有关。

(3)信息协作能力。信息协作能力是指信息以及信息之间的关系对协作决策所需知识的贡献度,这其实是对信息质量的一种度量。在天基信息服务体系为用户提供信息服务时,每个不同类型的信息分系统都会得到来自其他分系统的信息协作,信息综合工作人员可以在融合多个信息的基础上提供满足信息用户多样化需求的信息服务产品,从而提高天基信息服务质量即天基信息服务能力。

(4)信息管理能力。信息管理的目的是保证战场信息能够高效地传输至需要它的作战单元,因此可以从信息分发质量的角度来度量信息管理能力。网络节点的丢失、系统的信息损耗、低效的操作程序等都会影响信息传输的效率和质量。

5)安全性

信息的安全性用于描述信息在传输分发应用过程中安全畅通的能力。由于卫星通信系统的各种卫星平台都暴露在空间,极易被反导防御方截获、干扰甚至摧毁;信息传输分发途径大多通过无线通信方式,也长时间暴露在空中,极易被反导防御方截收、破坏。因此要保证空间卫星系统的长期、稳定、有效运行,除了自身的高可靠性要求外,还应具备抵抗来自外部环境与人为因素的干扰或破环的能力。

（1）保密能力。保密能力是指卫星通信系统抵御信号截获、破译和非法利用的能力。

（2）抗干扰能力。抗干扰能力是指卫星通信系统能够在软杀伤的情况下，完成通信任务的能力。对于卫星通信系统一般可以实行轨道和频道的选择、多波束调零天线、星上处理、波形设计、自适应等抗干扰技术手段。干扰又可分为上行链路干扰、下行链路干扰、转发器干扰和地面终端干扰等。

6）可靠性

天基信息服务体系的可靠性是系统重要的性能之一。高可靠性是系统在激烈的战场环境中充分发挥战技术性能的基本保障。在某些情况下，当系统技术性能与系统可靠性发生矛盾时，宁可适当降低技术性能，也要保证足够的可靠性。可靠性是指由于网络的不稳定性导致在一定时间内该服务执行成功的比例。

6.3　天基信息服务能力综合评价

6.3.1　天基信息服务能力指标值获取与处理

依托典型作战中天基信息的应用，根据各项性能指标的特点，采用不同的方法获取天基信息服务能力指标值，确保指标数据来源的可靠性和准确性。天基信息服务作战可以分为两种情况：一种基于天基信息服务体系的作战过程，即方案一；另一种是基于现有的天基信息系统的作战过程，即方案二。作战环境设定为：红方受到蓝方火力突袭，红方作战指挥所接收到敌情预警报告后，制定作战计划，提出对天基信息服务的需求方案，以获取有关敌方目标的详细信息，保证打击的精确性。下面分别对两种方案下的作战过程进行假设。两种方案的区别在于方案一采用了面向服务的体系架构，能够使各分系统按照统一的标准和接口，有效地集成起来，实现数据共享和资源的统一管理。

1. 指标值获取方法

常见的指标值获取方法主要有物理建模法、专家赋值法、不确定性处理法、统计分析方法和仿真法等，下面针对这几种方法进行讨论，并结合天基信息服务能力评价指标特点，提出各指标相应的获取方法。

1）物理建模法

物理建模法根据影响指标的各种因素的物理关系，建立计算指标值的函数关系式，并利用获取的数据计算函数关系式的值，即得到所需的指标值。该方法能够得到指标的精确值，但不足之处是，一般很难建立反映各种影响因素的函数关系式。

在指标值获取过程中,通过建立影响性能指标的数学模型计算出实际系统的性能指标值,如探测覆盖范围、目标探测概率、信息共享能力和网络连通能力等。

2)专家赋值法

在很难建立反映各种影响因素的函数关系时,依赖于领域专家的知识进行指标值的量化,是一个可以选择的、现实的出路。专家赋值法一般有专家打分法、军事价值法等。由于在评估模型中,很多数据的获取需要采用专家打分法,所以,在这里对专家打分法作一个简单的介绍。

专家打分法也称 Delphi 法,它是依靠专家的知识和经验,在对所研究问题有一定深度了解的基础上,对评价对象做出评价的方法。该方法以匿名的方式,收集和咨询该领域专家们的意见并进行统计分析,然后再将分析结果反馈给领域专家,同时进一步就同一问题再次咨询专家意见,如此多次反复,使专家们的意见逐渐集中到某个有限的范围内。采用专家打分法时,每位专家给出三个数值,分别为乐观值、最可能值和悲观值,然后采用三值法对这三个数值进行处理。

(1) 直接打分模型。受咨询专家根据自己的经验知识对定性指标直接做出价值判断,用一个明确的数值来度量对指标的满意程度。该方法虽然简便,但给专家评估带来了很大的难度,由于客观事物的复杂性和主体判断的模糊性,专家很难做出较准确的判断。

(2) 量化标尺模型。我们可以把定性判断的语言值通过一个量化标尺直接映射为定量的值,常用的量化标尺见表 6-4。考虑使用方便,这里使用了 0.1 ~ 0.9 之间的数作为量化分数,极端值 0 和 1 通常不用。

表 6-4 指标的量化标尺

等级＼分数	0.1	0.2	0.3	0.4	0.5	0.6	0.7	0.8	0.9
9 等级	极差	很差	差	较差	一般	较好	好	很好	极好
7 等级	极差	很差	差		一般		好	很好	极好
5 等级	极差		差		一般		好		极好

直接打分法通俗易懂,这里不做详细介绍。

为了使指标值更加符合实际,可以采用三值法。专家给出指标的三种量化值:最可能值,在正常条件下,指标所能达到的量化值;乐观值,在理想条件下,指标所能达到的量化值;悲观值,在不利条件下,指标所能达到的量化值,分别记为

m, o, p。显然,这三种情况都具有一定的概率,这里认为它们近似服从正态分布,则该指标的值 α 可按下列公式计算:

$$\alpha = \frac{o + 4m + p}{6} \qquad (6-9)$$

多位专家的打分还可以加权平均,以使打分更加接近实际。

3)不确定性处理法

由于量化所需的大量数据很难获得,以及系统的复杂性,导致直接进行量化很难实现。因此,充分利用定性知识,采用定性与定量相结合的方法是合适的有效方法。

在评估指标的量化中,往往指标取值性质不一,可比性差,导致在综合指标值时无法匹配。因此,需要对评估指标采用统一的度量方式。同时,指标值具有不确定性,原因有以下几个方面:首先是系统本身的复杂性,包括系统结构的复杂性、指标内部关系的复杂性、指标间因果关系的复杂性等;其次是对抗坏境的不确定性,包括自然条件的不确定性,敌方防御体系的不确定性,技术、策略对抗的不确定性(如新技术的出现具有不可预测性)等;再次是系统运行的复杂性,包括任务的多样性、并行性,操作的复杂性等;最后还有评估信息的不确定性,包括评估信息的不完备、获取的信息本身的不确定性等。因此,指标值不是一个确定值,若勉强给出确定值,其结果也很难令人满意。

4)统计分析方法

在评价过程中,需要对评价指标进行定量分析,因此许多具体的定量方法或拟定量方法应运而生,运用这些方法对评价对象及其指标进行数据处理和判断,然后建立各种模型求出问题的解。

统计分析方法是常用的数据处理方法之一,它利用图形、表格、求平均值等手段描述和反映评价指标的数量统计特征,利用所获得的有关评价对象的部分的、不完全的统计资料得出评价指标的数量特征,对于部分无法量化的定性指标数据也可利用统计方法来进行研究分析。

5)仿真法

仿真法利用建立的数学模型与仿真模型,通过计算机系统,来达到模拟物理现实的目的;并采用随机统计学的原理、模型与方法,处理仿真的数据与结果,从而得到指标值的定量结果。在许多的系统效能评估中应用了仿真法,特别是对一些复杂大系统,由于解析法很难保证达到一定的精度,或没有完整的解析函数关系,因此仿真法得到广泛的使用。下面主要介绍体系结构仿真。

体系结构仿真就是利用体系结构的仿真工具建立可执行模型,制订执行规则,使模型将在执行规则的约束下动态运行,仿真工具可以清晰、可视化地表现信息流和数据流,通过统计数据分析体系结构的时间、资源利用及可靠性等特性,分析结果对体系结构评价提供依据,最终为决策提供数据支持。

运用体系结构仿真方法,通过评估体系结构中的系统性能以及整体效能来确定体系结构描述是否满足功能需求以及满足需求的程度。

结合上所述,各指标值获取的方法见表6-5。

表6-5 指标与指标值获取方法对照表

指标值获取方法	指 标
物理建模法	探测覆盖范围
	目标探测概率
	信息共享能力
	网络连通能力
专家打分法	信息综合能力
	信息分发能力
	信息协作能力
	信息管理能力
	目标识别精度
	目标跟踪精度
	保密能力
	抗干扰能力
仿真法	实时性
	反应时间
	访问时间
	可靠性

选择哪种指标值的获取方法,要视具体情况而定。一般在大系统的效能评估中,各种指标值获取方法存在一定的互补性,而采用多种方法对指标值进行量化处理。

2. 指标的归一化

在天基信息服务能力评价过程中,各指标间普遍存在下述三种问题:

(1) 无公度问题,即各指标的量纲不同,不便于互相比较;

(2) 变换范围不同,指标间差异很大,可能数量级都不同,不便于比较运算;

(3) 影响关系不同,有些指标是越大越优,而有些则越小越优。

因此,如果直接利用原始指标进行评价,要么可能由于量纲不同而使指标间不具可比性,困难较大,无从下手;要么评价方案不科学,使评价结果不合理。因此,要想科学解决基于指标体系的效能评估问题,必须消除上述不利因素的影响,即对指标体系进行归一化处理。其实质是通过一定的数学变化把量纲各异的指标值转化为可以综合处理的量化值。一般都变换到[0,1]范围内,在变换时,需注意量化标度允许变换的形式。这里给出极差变换和线性变换的归一化模型。

先明确下面将要用到的符号表示的意思:$x_{i,j}$表示第 i 个方案关于第 j 个属性 f_j 的指标值;$\min x_{i,j}$、$\max x_{i,j}$ 分别表示 $x_{i,j}$ 中最小、最大的值;$r_{i,j}$ 表示规范化的指标值;α_j 表示 f_j 的最佳稳定值,$[q_1^j, q_2^j]$ 表示 f_j 的最佳稳定区间;$d_{i,j}$ 表示 $x_{i,j}$ 到固定区间的最远距离。

1)极差变换模型

效益型:

$$r_{i,j} = x_{i,j} - \frac{\min x_{i,j}}{\max x_{i,j}} - \min x_{i,j} \qquad (6-10)$$

成本型:

$$r_{i,j} = \max x_{i,j} - \frac{x_{i,j}}{\max x_{i,j}} - \min x_{i,j} \qquad (6-11)$$

固定型:

$$r_{i,j} = \begin{cases} \dfrac{\max|x_{i,j} - \alpha_j| - |x_{i,j} - \alpha_j|}{\max|x_{i,j} - \alpha_j| - \min|x_{i,j} - \alpha_j|} & (x_{i,j} \neq \alpha_j) \\ 1 & (x_{i,j} = \alpha_j) \end{cases} \qquad (6-12)$$

区间型:

$$r_{i,j} = \begin{cases} \dfrac{\max d_{i,j} - d_{i,j}}{\max d_{i,j} - \min d_{i,j}} & (x_{i,j} \notin [q_1^j, q_2^j]) \\ 1 & (x_{i,j} \in [q_1^j, q_2^j]) \end{cases} \qquad (6-13)$$

2)线性尺度变换模型

效益型:

$$r_{i,j} = \frac{x_{i,j}}{\max x_{i,j}} \qquad (6-14)$$

成本型:

$$r_{i,j} = \frac{\min x_{i,j}}{x_{i,j}} \qquad (6-15)$$

固定型:

$$r_{i,j} = \begin{cases} 1 - \dfrac{x_{i,j} - \alpha_j}{\max|x_{i,j} - \alpha_j|} & (x_{i,j} \neq \alpha_j) \\ 1 & (x_{i,j} \neq \alpha_j) \end{cases} \qquad (6-16)$$

区间型:

$$r_{i,j} = \begin{cases} \dfrac{\min d_{i,j}}{d_{i,j}} & (x_{i,j} \notin [q_1^j, q_2^j]) \\ 1 & (x_{i,j} \in [q_1^j, q_2^j]) \end{cases} \qquad (6-17)$$

3. 基于物理建模法的指标值获取

运用物理建模法可获取的指标值有探测覆盖范围、目标探测概率、信息共享能力和网络连通能力等。

1）探测覆盖范围

侦察卫星的覆盖范围评价函数 $R(x) = 1 - \mathrm{e}^{-kx}(k > 0)$，其中 x 表示 n 颗卫星的最大覆盖范围面积占全球表面积的比例。且当 $x = 0.5$ 时，有 $R(x) = 0.8$，从而可确定参数 $k = 3.2189$，其中

$$\begin{cases} x = \dfrac{\sin\alpha^1 - \sin\alpha^2}{2} \\ (\alpha^2, \alpha^1) = (\alpha^2, \alpha_1^1) \cup (\alpha_2^2, \alpha_2^1) \cup \cdots \cup (\alpha_n^2, \alpha_n^1) \end{cases} \qquad (6-18)$$

式中：$\alpha_k^1 \geqslant 0 (k = 1, 2, \cdots, n)$ 为第 k 颗侦察卫星覆盖范围的北纬值；$\alpha_k^2 \leqslant 0 (k = 1, 2, \cdots, n)$ 为第 k 颗侦察卫星覆盖范围的南纬值。

根据实际情况，侦察卫星的探测覆盖范围已经远远超出作战的需求，所以两种方案下的探测覆盖范围指标值均可定为1。

2）目标探测概率

假设卫星探测目标为间歇式搜索，第 i 次侦察的发现概率为 g_i，则第 n 次探测发现目标的概率为

$$P(n) = 1 - \prod_{i=1}^{n} (1 - g_i) \qquad (6-19)$$

假设卫星侦察的条件基本相同，即 $g = g_i$，则式（6-19）可化简为

$$P(n) = 1 - (1 - g_i)^n \qquad (6-20)$$

对于多颗航天器组网侦察而言，最大访问时间间隔 $G_{\max}$ 表示星座中所有卫星没有覆盖侦察区域的最大时间间隔。由 $G_{\max}$ 可以确定某一时间内星座对某一

区域的总探测次数,设 T 时间内目标在区域 A 内运动,则星座对目标的探测概率为

$$P = 1 - (1 - g_i)^{\frac{T}{G_{\max}}} \qquad (6-21)$$

根据实际情况,侦察卫星的探测概率在一般条件下可达 95% 以上。考虑到方案一中,各卫星系统协同能力较强,由多颗航天器组网进行目标探测,指标值可定为 0.98;方案二中,各卫星系统协同性和组网能力都较差,所以指标值可定为 0.95。

3)信息共享能力

对于整个天基信息服务网络,假设最多拥有 N 个关键信息元素。对于给定的作战协同网络,它协同作战时需要的信息元素总量 $C \leqslant N$;在时间 t,为了对某作战目标实施协同作战,但由于作战体制、网络技术水平限制等各种原因只能获取其中的 n 个参数,则此天基信息服务体系的信息共享能力为

$$v_1 = \begin{cases} (nC^{-1})^{\zeta} & (C \neq 0) \\ 0 & (其他) \end{cases} \qquad (6-22)$$

式中:ζ 为修正因子,合理的修正值是由逻辑推理而得到的。当决策者在紧急情况下不得不在不完全信息条件下做出决策时,他要根据自己的感觉确定 ζ 的值,因此它反映了决策者对风险的偏好。$\zeta < 1$ 表示决策者属于保守型;反之,$\zeta > 1$ 表示冒险型;$\zeta = 1$ 表示中立型。

取 $\zeta = 1$,$C \neq 0$,则信息共享能力 $v_1 = nC^{-1}$。方案一中,各服务资源卫星系统在地面指挥控制系统的统一调配下协同工作,可以获取目标侦察监视信息、导弹预警信息、导航定位信息和环境探测信息等,基本上能够满足天基信息用户的服务需求,即 $n \approx C$,所以 $v_1 = nC^{-1} \approx n/C = 1$,即方案一中信息共享能力为 1;方案二中,由于各航天器有独立的指挥控制中心,调配工作难度较大,不能及时地获取天基信息用户的信息需求,在 t 时刻,需要的信息总量 $C = 4$,而 $n = 3$,所以信息共享能力 $v_1 = nC^{-1} = 3/4 = 0.75$。

4)网络连通能力

对一个特定信息元素 a_l 的获取能力,即网络连通能力,用 $k_l(0 < k_l < 1)$ 表示。它与此信息元素到达用户所经过路径的最短距离或最少费用有关。设此路径永远连通,d_l 表示此时信息元素 a_l 从信源传输到信宿经过最短路径所需要的花费,则此路径的连通值可以表示为

$$k_l = d_l^{-\omega_l} \qquad (6-23)$$

式中:ω_l 为 k_l 随 d_l 的变化率,它其实反映了 d_l 的重要程度。

在实际网络中,路径的连通性受多种因素影响,不可能永远连通,因此需要考虑这些因素的影响。一条路径有很多节点和链路,任何一个节点和链路的断开或者连接都将影响信息传输的效果,因此必须考虑所有节点和链路对此路径连通能力的影响。考虑这些因素后得到调整后的路径连通值为

$$k_l^* = k_l(1 - \| L_l \| L_l^{-1})^{-\rho} \qquad (6-24)$$

式中:$L_l = (l_{l1}, l_{l2}, \cdots, l_{lr_l})$,$l_{lj} = k_l^j - k_l$,$r_l$ 为最短路径中节点的数量,k_l^j 表示第 j 个节点被破坏后的连通值;$\rho = \min\{ |\partial U| |U|^{-1} | U \subset V; 0 < |U| \le |V|/2 \}$,其中,$V$ 表示一个给定的网络,U 为 V 的一个子集。令 $E \subseteq V \times V$ 为 V 的边集,对于给定 $v \in V$,令 $\Gamma(v) = \{u \in V; (u,v) \in E\}$ 为 v 的邻点集合,则 $\Gamma(U) = U_{v \in U}\Gamma(v)$ 表示 U 的邻点集合,$\partial U = \Gamma_{v \in U}(v) - U$ 表示 U 的边界点集合,$|\partial U|$ 表示 ∂U 中的节点数,$|U|$ 表示 U 中的节点数。这里限定 U 的节点数最多只能达到 V 中节点的半数,即 $0 < |U| \le |V|/2$。

对于整个协同网络,其连通能力为

$$v_2 = \begin{cases} (kC^{-1})^\zeta & (C \ne 0) \\ 1 & (其他) \end{cases} \qquad (6-25)$$

式中:$k = \sum_{l=1}^{c} k_l^*$。

图 6-3 表示方案一和方案二的多信息源网络,信源①、②、③分别为目标侦察信息、导航定位信息和导弹预警信息。对于方案一,侦察卫星获取目标侦察信息、导航定位卫星获取导航定位信息、导弹预警卫星获取导弹预警信息以后,首先要回传至地面的天基信息综合应用系统④,经过综合处理形成空间服务信息,然后分发到有需求的天基信息用户⑤;对于方案二,侦察卫星获取目标侦察信息、导航定位卫星获取导航定位信息、导弹预警卫星获取导弹预警信息以后,首先传送至各自的地面控制系统④、⑤和⑥,经过简单处理后传送至总参谋部情报中心⑦,再进行综合处理,然后传送至战区指挥部情报中心⑧,战区指挥部情报中心再进行情报的筛选形成情报产品发送至天基信息用户⑨。

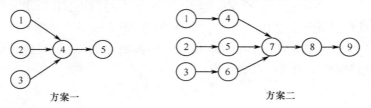

方案一 方案二

图 6-3 方案一和方案二多信息源网络

通过分别计算它们的最短路径的变化情况反映网络的连通程度,结果表明方案一大于方案二。

对于方案一,有 $d_l=2$,$k_l=0.5$,$L_l=(0,0)$,$\|L_l\|=0$,$k_l^*=0.5(1-0/2)^2=0.5$;对于方案二,同理得 $k_l^*=0.25$。

4. 基于专家打分法的指标值获取

专家由效能评估、天基信息系统研究等相关领域的专业人士组成。专家组中既有对系统全局有深入研究的人,又有对某些重要分系统和具体技术项目有深入了解的人。选取5位专家进行调查,专家调查通常不可能一次结束,而要对调查结果进行多次反复修改,才能使结果收敛到满意的程度。假设每名专家的权重都定为0.2。

1)信息综合能力

信息综合能力不仅与地面信息处理设备性能有关,还与信息的多样性有关。处理设备性能越强,信息类别越多,经过综合处理后的信息就越能反映战场态势。经专家评定,该指标评语见表6-6。

表6-6 信息综合能力指标专家评价表

专家评语	方案一下的指标值	方案二下的指标值
专家评语1	(0.88,0.85,0.82,0.85)	(0.77,0.73,0.68,0.73)
专家评语2	(0.91,0.87,0.85,0.87)	(0.85,0.78,0.77,0.79)
专家评语3	(0.85,0.80,0.78,0.81)	(0.70,0.69,0.62,0.68)
专家评语4	(0.83,0.81,0.79,0.81)	(0.78,0.71,0.70,0.72)
专家评语5	(0.90,0.88,0.85,0.88)	(0.74,0.71,0.68,0.71)
加权平均值	0.844	0.726
说明:括号内第1~3个数据分别表示专家给出的乐观值、最可能值、悲观值,第4个数据是依据三值法求出的指标值。表6-7~表6-12同上,不再做说明		

2)信息分发能力

信息分发能力主要与卫星通信系统和信息分发机制有关。经专家评定,该指标评语见表6-7。

表6-7 信息分发能力指标专家评价表

专家评语	方案一下的指标值	方案二下的指标值
专家评语1	(0.87,0.84,0.81,0.84)	(0.73,0.71,0.67,0.71)
专家评语2	(0.90,0.85,0.83,0.86)	(0.83,0.78,0.74,0.78)
专家评语3	(0.86,0.83,0.78,0.83)	(0.71,0.68,0.63,0.68)
专家评语4	(0.81,0.80,0.79,0.80)	(0.79,0.70,0.68,0.72)

专家评语	方案一下的指标值	方案二下的指标值
专家评语 5	(0.91,0.87,0.84,0.87)	(0.72,0.70,0.66,0.70)
加权平均值	0.840	0.718

3）信息协作能力

信息协作能力与协同网的连接机制密切相关。经专家评定,该指标评语见表 6 - 8。

表 6 - 8　信息协作能力指标专家评价表

专家评语	方案一下的指标值	方案二下的指标值
专家评语 1	(0.93,0.89,0.86,0.89)	(0.71,0.69,0.63,0.68)
专家评语 2	(0.91,0.87,0.83,0.87)	(0.75,0.73,0.68,0.72)
专家评语 3	(0.95,0.91,0.88,0.91)	(0.69,0.64,0.62,0.65)
专家评语 4	(0.92,0.90,0.88,0.90)	(0.65,0.60,0.53,0.59)
专家评语 5	(0.92,0.89,0.86,0.89)	(0.71,0.65,0.60,0.65)
加权平均值	0.892	0.658

4）信息管理能力

信息管理能力与网络节点的丢失、系统的信息损耗、低效的操作程序等密切相关。经专家评定,该指标评语见表 6 - 9。

表 6 - 9　信息管理能力指标专家评价表

专家评语	方案一下的指标值	方案二下的指标值
专家评语 1	(0.88,0.86,0.84,0.86)	(0.72,0.71,0.66,0.69)
专家评语 2	(0.92,0.89,0.85,0.89)	(0.81,0.79,0.74,0.78)
专家评语 3	(0.89,0.87,0.84,0.87)	(0.70,0.68,0.62,0.67)
专家评语 4	(0.82,0.80,0.78,0.80)	(0.75,0.70,0.63,0.69)
专家评语 5	(0.93,0.89,0.86,0.89)	(0.71,0.68,0.65,0.68)
加权平均值	0.862	0.702

5）目标识别精度和目标跟踪精度

目标识别精度主要与卫星系统传感器的分辨力有关,目标跟踪是确定目标运动轨迹的过程。天基信息服务体系与现有的天基信息系统所属的卫星传感器在我军现有条件下是相同的,单个卫星传感器获得的目标信息质量是一样的。经专家评定,该指标评语见表 6 - 10。

表 6-10　目标识别精度和目标跟踪精度指标专家评价表

专家评语	目标识别精度指标值	目标跟踪精度指标值
专家评语 1	(0.81,0.79, 0.76,0.79)	(0.78,0.76,0.73,0.76)
专家评语 2	(0.78,0.77,0.73,0.76)	(0.75,0.73,0.68,0.72)
专家评语 3	(0.76,0.73,0.68,0.72)	(0.79,0.74,0.72,0.75)
专家评语 4	(0.82,0.80,0.78,0.80)	(0.75,0.74,0.73,0.74)
专家评语 5	(0.83,0.79,0.76,0.79)	(0.71,0.65,0.60,0.65)
加权平均值	0.772	0.724

6）保密能力

保密能力是指卫星通信系统抵御信号截获、破译和非法利用的能力。经专家评定,该指标评语见表 6-11。

表 6-11　保密能力指标专家评价表

专家评语	方案一下的指标值	方案二下的指标值
专家评语 1	(0.86,0.83, 0.76,0.82)	(0.81,0.79,0.73,0.78)
专家评语 2	(0.81,0.77,0.73,0.77)	(0.85,0.83,0.78,0.82)
专家评语 3	(0.85,0.81,0.78,0.81)	(0.79,0.74,0.72,0.75)
专家评语 4	(0.82,0.80,0.78,0.80)	(0.75,0.70,0.63,0.69)
专家评语 5	(0.82,0.79,0.76,0.79)	(0.81,0.75,0.70,0.75)
加权平均值	0.798	0.758

7）抗干扰能力

在对抗环境中,敌方干扰可能采取多种干扰手段和方式对卫星通信系统进行干扰,按干扰对象分,可分为链路干扰、转发器干扰和地面终端干扰等。针对不同形式的干扰,卫星通信系统一般可以实行轨道和频道的选择、星上处理、波形设计、多波束调零天线、自适应等技术手段来对抗干扰。经专家评定,该指标评语见表 6-12。

表 6-12　抗干扰能力指标专家评价表

专家评语	方案一下的指标值	方案二下的指标值
专家评语 1	(0.83,0.79, 0.76,0.79)	(0.81,0.79,0.73,0.78)
专家评语 2	(0.81,0.77,0.73,0.77)	(0.65,0.63,0.58,0.62)
专家评语 3	(0.85,0.81,0.78,0.81)	(0.69,0.64,0.62,0.65)
专家评语 4	(0.82,0.80,0.78,0.80)	(0.75,0.70,0.63,0.69)
专家评语 5	(0.82,0.79,0.76,0.79)	(0.72,0.66,0.61,0.66)
加权平均值	0.792	0.680

5. 基于仿真法的指标值获取

选用 SA 软件作为研究工具,主要使用 System Architecture、SA for DoDAF ABM 和 SA Simulator II 三个模块对天基信息服务体系进行概念建模,并建立动态流程模型对该体系在作战流程中的应用进行仿真和分析,从中获取需要的功能质量指标值。

1)建立作战规则模型

由于要分别获取基于天基信息服务体系和基于现有天基信息系统两种作战过程的天基信息服务能力评价指标值,所以要建立两种不同的作战规则模型。

根据方案一建立的作战规则模型,如图 6-4 所示。

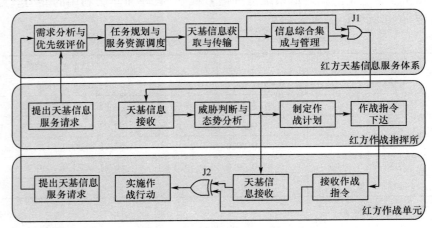

图 6-4　天基信息服务体系支援作战流程

根据方案二建立作战规则模型,如图 6-5 所示。

根据流程仿真原理,在建立作战规则模型的基础上需设置仿真实体对象、资源模型、时间模型、交汇点和连接模块、仿真参数等。

(1)仿真对象。作战规则模型中,事件产生的仿真对象为蓝方部队突袭,通过设置对象的到达率来模拟作战情况,假定蓝方来袭部队每 10min 发起一次进攻,作战活动持续 48h。

(2)时间模型和资源模型参数的设置。作战过程中,各角色都处于战备值班状态,因此轮换班可设置为全天 24h 在位。行为单元的执行时间不是固定的,通常服从某一分布,可以根据原始资料并按照统计学的方法确定其符合哪种理论分布,并估计其参数值,由系统按照分布函数随机生成单元执行时间,然后根据相关公式计算出行为单元执行时间的期望值。下面以成像侦察卫星获取并下

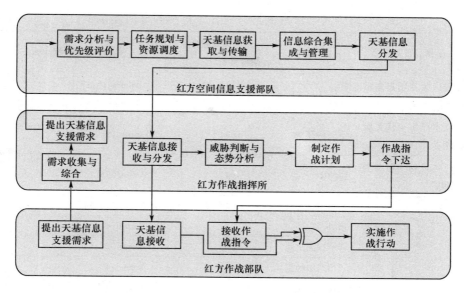

图 6 - 5　现有的天基信息系统支援作战流程

传战场目标信息的信息传输延迟时间模型为例,进行说明。

侦察卫星完成对某一地区的侦察,获得的目标信息通过两种途径下传:一是通过中继卫星转发下传;二是与地面站可见时直接下传。当侦察卫星为非静止轨道时,需要等待卫星运行至与中继卫星或地面站可见的弧段。因此,侦察卫星下传信息所需时间延迟为

$$T_{\mathrm{rd}} = T_{\mathrm{w}} + T_{\mathrm{delay}} \qquad (6-26)$$

式中:T_{w} 为信息等候下传的时间;T_{delay} 为下传时空间路径、数据传输率等造成的时延。

信息等候下传的时间 T_{w} 主要根据卫星侦察作战区域时与地面站和(或)中继卫星的可见性来确定。假设完成侦察的时刻为 t_0,通过中继卫星下传所需的等待时延为 T_{wt},直接下传至地面站所需的等待时延为 T_{ws},等待时延 T_{w} 取 T_{wt}、T_{ws} 的最小值。

相关研究表明,美军某型成像侦察卫星获取的信息如果经中继卫星转发,其信息传输时延为 $0 \sim 0.5 \mathrm{h}$。根据该结论,在本想定中,设定侦察卫星获取并传输信息所需时间服从正态分布 Normal(20,5)。类似地,可设置其他行为单元分配的角色资源,以及角色在行为单元中执行活动的时间分布参数,见表 6 - 13 和表 6 - 14。为了有效对比两种方案的仿真结果,这里对两方案的资源模型和时间模型作了相同设置。

表 6-13　天基信息服务体系资源模型和时间模型参数

作战行动	作战实体	资源分配（资源可用性）	执行时间（分布）/min
提出天基信息服务请求	指挥所	3(3)	Uniform(15,17)
	作战单元	3(3)	Uniform(15,17)
需求分析与优先级评价	空间协调官	3(3)	Normal(10,6)
任务规划与服务资源调度	指控中心	3(3)	Normal(15,2)
天基信息获取与传输	侦察卫星	3(3)	Normal(20,5)
	预警卫星	1(1)	Normal(6,2)
	环境探测卫星	1(1)	Normal(22,7)
	通信与中继卫星	5(5)	Normal(10,2)
信息综合集成与管理	信息处理操作员	3(3)	Normal(55,6.2)
	信息融合操作员	3(3)	Normal(50,4)
	信息分发操作员	3(3)	Normal(40,3)
天基信息接收	用户终端	3(3)	Normal(12,4)
威胁判断与态势分析	指挥所	3(3)	Uniform(15,20)
制定作战计划	指挥所	10(10)	Normal(22,7)
	武器平台	10(10)	
作战指令下达	指挥所	3(3)	Normal(20,2.7)
	通信与中继卫星	5(5)	Normal(5,3)
作战指令接收	作战部队	10(10)	Normal(22,7)
	武器平台	10(10)	
作战行动实施	作战部队	3(3)	Normal(20,2.7)
	武器平台	5(5)	Normal(5,3)

表 6-14　现有天基信息系统资源模型和时间模型参数

作战行动	作战实体	资源分配（资源可用性）	执行时间（分布）/min
提出天基信息服务请求	指挥所	3(3)	Uniform(15,17)
	作战单元	3(3)	Uniform(15,17)
需求收集与综合	指挥所	3(3)	Uniform(15,17)

作战行动	作战实体	资源分配（资源可用性）	执行时间（分布）/min
需求分析与优先级评价	空间协调官	3(3)	Normal(10,6)
任务规划与服务资源调度	指控中心	3(3)	Normal(15,2)
天基信息获取与传输	侦察卫星	3(3)	Normal(20,5)
	预警卫星	1(1)	Normal(6,2)
	环境探测卫星	1(1)	Normal(22,7)
	通信与中继卫星	5(5)	Normal(10,2)
信息综合集成与管理	信息处理人员	3(3)	Normal(55,6.2)
	信息融合人员	3(3)	Normal(50,4)
	信息管理人员	3(3)	Normal(20,4)
天基信息分发	信息分发人员	3(3)	Normal(40,3)
天基信息接收与分发	指挥所	3(3)	Normal(12,4)
威胁判断与态势分析	指挥所	3(3)	Uniform(15,20)
制定作战计划	指挥所 武器平台	10(10) 10(10)	Normal(22,7)
作战指令下达	指挥所 通信与中继卫星	3(3) 5(5)	Normal(20,2.7) Normal(5,3)
作战指令接收	作战部队 武器平台	10(10) 10(10)	Normal(22,7)
作战行动实施	作战部队 武器平台	3(3) 5(5)	Normal(20,2.7) Normal(5,3)

在表 6 – 13、表 6 – 14 中，括号内表示可用资源数，表中的数值不是相应人员的绝对数，属于归一化的单位值。其中，Normal 为正态分布函数，Uniform 为均匀分布函数，其他表示固定值。

（3）交汇点属性设定。交汇点用来表示输出分支的概率、时间属性、仿真对象的通过方式等。天基信息服务体系支援作战流程的交汇点属性的设置见表 6 – 15，现有天基信息系统支援作战流程的交汇点属性的设置见表 6 – 16。

表 6 - 15   天基信息服务体系支援作战流程交汇点属性及参数设置

交汇点名称	类型	前置实体/行为名称	发生概率或其他属性
J1	或	天基信息获取与传输	任一实体/行为完成后均可通过交汇点
		信息综合集成与管理	
J2	异或	天基信息接收	40%（可根据信息内容进行自主决策）
		作战指令接收	60%

表 6 - 16   现有天基信息系统支援作战流程交汇点属性及参数设置

交汇点名称	类型	前置实体/行为名称	发生概率或其他属性
J1	异或	天基信息接收	20%（可根据信息内容进行自主决策）
		作战指令接收	80%

（4）仿真参数设定。基于以上作战规则模型参数的设置，将仿真时间 Run Length 设为 48h。

2）仿真结果分析

下面在假定模型参数的基础上，使用 SA 工具对以上两个方案的相关指标的仿真结果进行分析。仿真场景包括运行窗口、时间窗口、概要信息显示窗口等，能实时观察流程仿真的进度、动态显示资源利用率、控制仿真速度，并同时在后台统计仿真数据用于结果分析。

（1）实时性。对实时性的内涵进行分析，可以认为实时性即侦察卫星的工作时间。方案一中各侦察卫星组网协同工作，根据仿真结果统计可得其工作时间为 17.14min；方案二中，各侦察卫星单独工作，根据仿真结果统计可得其工作时间为 22.88min。假设用户最大容忍的时间为 100min：则方案一归一化后的指标值为 0.823；方案二归一化后的指标值为 0.771。

（2）反应时间。反应时间是指从收到天基信息用户提出服务请求到服务资源卫星到达目标区域开始获取情报信息的时间。

根据仿真数据统计可得方案一的反应时间为 166min，方案二的反应时间为 530min。假设用户最大容忍的时间为 1000min，则方案一归一化后的指标值为 0.834；方案二归一化后的指标值为 0.470。

（3）访问时间。根据仿真数据统计，可得方案一中对天基服务信息数据库的访问时间为 36.31min；方案二中对天基信息数据库访问时间为 139.1min。假设用户最大容忍的响应时间为 200min，则方案一归一化后的指标值为 0.814；方案二归一化后的指标值为 0.305。

（4）可靠性。指由于网络的不稳定性导致在一定时间内该服务执行成功的比例。在 SA 仿真中可以用成功率来表示。

方案一中共产生 288 个对象,其中得到成功处理的有 262 个,所以其成功率为 91.0% ,归一化后的指标值为 0.910;方案二中共产生 288 个对象,其中得到成功处理的有 197 个,所以其成功率为 68.4% ,归一化后的指标值为 0.684。

6.3.2　天基信息服务能力评价

天基信息服务能力评价的目的是对不同方案下的能力指标进行对比分析,得出客观的评价结论。与现有天基信息系统所提供的服务作战能力相比,天基信息服务体系所提供的服务作战能力在各单项指标和综合效能上有可能发生变化。本节首先进行两种方案下单项指标的对比,然后应用层次分析法对服务能力进行综合评价,最后对评价结果进行分析。

1. 天基信息服务能力单项指标对比分析

根据第 4 章获取的各评价指标值,对两种方案下各单项指标进行对比,可以清晰地判断出两种方案下各项指标的优劣。

1）准确性指标对比

准确性指标包括目标识别精度和目标跟踪精度两项指标,对比分析两种方案指标值,如图 6 - 8 所示。可以看出,这两项指标并未发生变化,这是因为它们完全依赖于卫星系统自身的性能指标,与结构本身的关系不是很大。

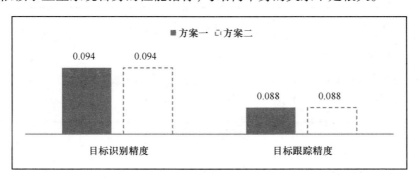

图 6 - 8　准确性指标对比分析

2）完备性指标对比

完备性指标包括探测覆盖范围、目标探测概率、信息综合能力和信息分发能力四项,对比分析两种方案指标值,如图 6 -9 所示。

3）时效性指标对比

时效性指标包括实时性、反应时间和访问时间三项,对比分析两种方案指标

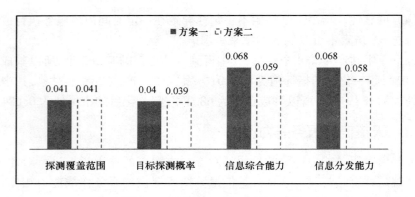

图 6 - 9　完备性指标对比分析

值,如图 6 - 10 所示。

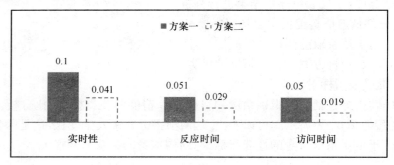

图 6 - 10　时效性指标对比分析

4) 协同性指标对比

协同性指标包括信息共享能力、网络连通能力、信息协作能力和信息管理能力四项,对比分析两种方案指标值,如图 6 - 11 所示。

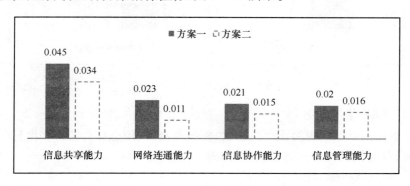

图 6 - 11　协同性指标对比分析

160

5）安全性指标对比

安全性指标包括保密能力和抗干扰能力两项指标,对比分析两种方案指标值,如图6-12所示。

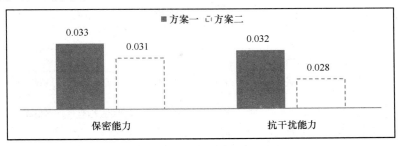

图6-12　安全性指标对比分析

6）可靠性指标对比

可靠性指标是单项指标,对比分析两种方案指标值,如图6-13所示。

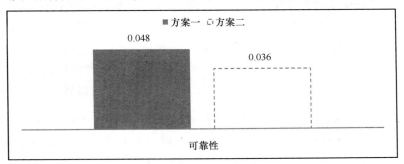

图6-13　可靠性指标对比分析

从图6-8~图6-13可以很容易地做出判断,方案一下的各项指标明显要优于方案二,即天基信息服务体系支援作战的能力要好于现有的天基信息系统支援作战的能力。

2. 基于AHP的天基信息服务能力综合评价

层次分析法是首先将复杂问题层次化,根据问题和需要达到的目标,将问题分解为不同的组成因素,并按照因素的相互关联及隶属关系将因素按不同层次聚集组合,形成一个多层次的分析结构模型。根据系统的特点和基本原则,对各层的因素进行对比分析,引入1~9比率标度方法(标度值1、3、5、7、9分别表示两个元素相比,前者比后者同等、稍微、明显、强烈、极端重要;2、4、6、8为上述相邻判断的中间值;倒数表示后者比前者的重要性标度)构造出判断矩阵,用求解判断矩阵最大特征根及其特征向量的方法得到各因素的相对权重。

1）建立层次结构

由第3章构建的天基信息服务能力评价指标体系，可得三层指标结构，见表6-17。

表6-17　天基信息服务能力评价层次结构

层次	指标
A	天基信息服务质量
B	准确性（B_1）、完备性（B_2）、时效性（B_3）、协同性（B_4）、安全性（B_5）、可靠性（B_6）
C	目标识别精度（C_1）、目标跟踪精度（C_2）、探测覆盖范围（C_3）、目标探测概率（C_4）、信息综合能力（C_5）、信息分发能力（C_6）、实时性（C_7）、反应时间（C_8）、访问时间（C_9）、信息共享能力（C_{10}）、网络连通能力（C_{11}）、信息协作能力（C_{12}）、信息管理能力（C_{13}）、保密能力（C_{14}）、抗干扰能力（C_{15}）

2）权重计算及一致性检验

采用专家评议的方式对各层级元素之间的关系重要程度进行确定，通过确定下级指标对实现上级指标的重要性不同，按照1~9比率标度方法分别对其进行打分，构造一个两两比较的判断矩阵。

权重系数的计算采用方根法，即：首先计算判断矩阵每一行的乘积 M_i，$M_i = \prod k_{ij}$；其次计算 M_i 的 n 方根 W_i，$W_i = (M_i)^{1/n}$；然后对向量 $\overline{W} = [W_1, W_2, \cdots, W_n]^T$ 进行归一化，$W_i = \overline{W_i} / \sum \overline{W_i}$，得特征向量 $W = [W_1, W_2, \cdots, W_n]^T$。

通过两两比较得到的判断矩阵可能不能满足判断矩阵的互反性条件，所以运用层次分析法时要对判断矩阵的一致性进行测定。

检验的方法是如果判断矩阵存在关系 $X_{ij} = X_{ik}/X_{jk}(i, j, k = 1, 2, 3, \cdots, n)$，即 $X_i/X_k = (X_i/X_j) * (X_j/X_k)$，则称它具有一致性。如果不成立，就确定为不一致。

在实际计算一致性检验中首先计算出 λ_{max}，λ_{max} 为判断矩阵的最大特征值；然后再用公式 $CI = (\lambda_{max} - n)/(n - 1)$ 进行计算，其中，n 为矩阵阶数。λ_{max} 的值越接近 n，则判断矩阵的一致性就越好；判断矩阵的维数越大，判断矩阵的一致性将越差。

根据最大特征值可以计算出一致性指标 CI，判断矩阵的一致性指标 CI 与同阶的平均随机一致性指标 RI 之比，称为判断矩阵的一致性比例，记为 CR，CR = CI/RI，其中 RI 值表见表6-18。

判断矩阵的一致性指标 CI 与同阶平均随机一致性指标 RI 之比称为随机一致性比率，记为 CR，当 CR = CI/RI≤0.10 时，即认为判断矩阵具有满意的一致性。否则判断矩阵必须进行重新取值，直到达到满意的一致性为止。

表 6 – 18　RI 值表

n	1	2	3	4	5	6	7	8	9	10
RI	0.00	0.00	0.58	0.90	1.12	1.24	1.32	1.41	1.45	1.49

通过专家评判,构造的各级判断矩阵见表 6 – 19 ~ 表 6 – 24。

表 6 – 19　$A-B$ 判断层矩阵

A	B_1	B_2	B_3	B_4	B_5	B_6
B_1	1	1	1	2	3	4
B_2	1	1	1	2	3	4
B_3	1	1	1	2	3	4
B_4	1/2	1/2	1/2	1	2	3
B_5	1/3	1/3	1/3	1/2	1	2
B_6	1/4	1/4	1/4	1/3	1/2	1

表 6 – 20　B_1-C 判断层矩阵

B_1	C_1	C_2
C_1	1	1
C_2	1	1

表 6 – 21　B_2-C 判断层矩阵

B_2	C_3	C_4	C_5	C_6
C_3	1	1	1/2	1/2
C_4	1	1	1/2	1/2
C_5	2	2	1	1
C_6	2	2	1	1

表 6 – 22　B_3-C 判断层矩阵

B_3	C_7	C_8	C_9
C_7	1	2	2
C_8	1/2	1	1
C_9	1/2	1	1

表 6 – 23　B_4-C 判断层矩阵

B_4	C_{10}	C_{11}	C_{12}	C_{13}
C_{10}	1	1	2	2
C_{11}	1	1	2	2
C_{12}	1/2	1/2	1	1
C_{13}	1/2	1/2	1	1

表 6 – 24　B_5-C 判断层矩阵

B_5	C_{14}	C_{15}
C_{14}	1	1
C_{15}	1	1

应用层次分析法,可得到两种方案下的天基信息服务能力评价结果。具体数据见表 6 – 25。

从表 6 – 25 可以看出方案一的评价得分为 0.757,方案二的评价得分为 0.634。

表 6 – 25　天基信息服务能力评价

一级关键因子（权重）	二级关键因子（权重）	合成权重	M_1 分	M_2 分	M_1 得分	M_2 得分
B_1 准确性(0.243)	C_1 目标识别精度(0.5)	0.122	0.772	0.772	0.094	0.094
	C_2 目标跟踪精度(0.5)	0.122	0.724	0.724	0.088	0.088
B_1 得分小计					**0.182**	**0.182**
B_2 完备性(0.243)	C_3 探测覆盖范围(0.167)	0.041	1	1	0.041	0.041
	C_4 目标探测概率(0.167)	0.041	0.98	0.95	0.040	0.039
	C_5 信息综合能力(0.333)	0.081	0.844	0.726	0.068	0.059
	C_6 信息分发能力(0.333)	0.081	0.840	0.718	0.068	0.058
B_2 得分小计					**0.217**	**0.197**
B_3 时效性(0.243)	C_7 实时性(0.5)	0.122	0.823	0.771	0.100	0.094
	C_8 反应时间(0.25)	0.061	0.834	0.470	0.051	0.029
	C_9 访问时间(0.25)	0.061	0.814	0.305	0.050	0.019
B_3 得分小计					**0.201**	**0.142**
B_4 协同性(0.136)	C_{10} 信息共享能力(0.333)	0.045	1	0.75	0.045	0.034
	C_{11} 网络连通能力(0.333)	0.045	0.5	0.25	0.023	0.011
	C_{12} 信息协作能力(0.167)	0.023	0.892	0.658	0.021	0.015
	C_{13} 信息管理能力(0.167)	0.023	0.862	0.702	0.020	0.016
B_4 得分小计					**0.109**	**0.076**
B_5 安全性(0.082)	C_{14} 保密能力(0.5)	0.041	0.798	0.758	0.033	0.031
	C_{15} 抗干扰能力(0.5)	0.041	0.792	0.68	0.032	0.028
B_5 得分小计					**0.065**	**0.058**
B_6 可靠性(0.053)			0.910	0.684	0.048	0.036
B_6 得分小计					**0.048**	**0.036**
总得分					**0.757**	**0.634**
注:表中 M_1 为方案一,M_2 为方案二						

（左侧纵排）天基信息服务能力评价

　　从天基信息服务能力评价结果来看,基于天基信息服务体系的信息服务能力的评价得分为 0.757,基于现有天基信息系统的信息服务能力的评价得分为 0.634。评价结果表明,基于面向服务的理念和技术整合现有天基信息资源是可行、有效的;从单项指标看,除准确性指标外,方案一的各项指标均优于方案二,尤其是时效性、协同性两项指标改善更为明显,这说明了天基信息服务体系协同作战能力显著提高,天基信息资源的利用率和作战效率均有提升。

第7章 天基信息服务体系支持下的典型作战应用

在天基信息服务体系及其支持下的作战应用,从理论上开展了相关研究,构建了天基信息服务体系框架,解决了体系结构问题;进行了服务识别和优化,解决了系统有哪些服务的问题;进行了用户请求表达,解决了用户如何请求服务的问题;设计了服务模式,解决了系统如何提供服务的问题。本章开展应用研究,以弹道导弹反航空母舰作战为例,通过天基信息服务体系支持下的弹道导弹反航空母舰作战问题实践,一方面说明实际应用的过程和细节,一方面验证天基服务体系所达到的作战支持能力及效果。

7.1 天基信息支持下的弹道导弹反航空母舰作战过程

7.1.1 弹道导弹作战系统组成和打击航空母舰编队作战过程

1. 弹道导弹反航空母舰作战系统组成

弹道导弹反航空母舰作战系统由战场感知系统、指挥控制系统和弹道导弹武器系统构成,具体组成如图7-1所示。

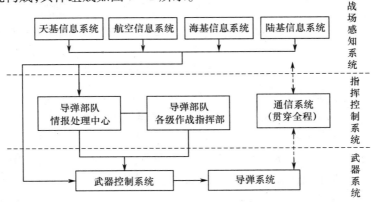

图 7-1 弹道导弹反航空母舰作战系统基本组成

1）战场感知系统

战场感知系统包括天基信息系统、空基信息系统、地基信息系统和海基信息系统。跟踪航空母舰必须综合利用来自陆、海、空、天各个信息系统的信息，其中最为有效的是天基信息系统。天基信息系统包括各类侦察监视卫星、通信与数据中继卫星、导航卫星、气象卫星、测绘卫星以及各类天基信息接收、处理、存储和分发分系统。

2）指挥控制系统

指挥控制系统主要根据战场感知系统提供的目标和环境信息，进行弹道导弹反航空母舰作战的指挥、控制和管理，提出全面的任务计划，进行打击决策和打击效果评估，通过通信系统将计划和决策传输给武器系统。

3）武器系统

弹道导弹武器系统是导弹和发射导弹完成作战任务的各种设备、设施和系统的统称，由导弹分系统、武器控制分系统两部分组成（图6-7）。导弹系统是武器系统的核心，主要由弹道导弹、地面（潜射）设备系统等部分组成。弹道导弹主要有中、远程弹道导弹，各类作战有效载荷，固定和机动发射装置，技术准备设施，运输和检测装备等；地面（潜射）设备系统负责储存导弹并对其进行定期检查，对接结合、运送导弹到发射场地并放置到发射装置上，进行发射准备、测试检查、装订参数和实施发射。导弹的发射方式分为陆基和海基两类。

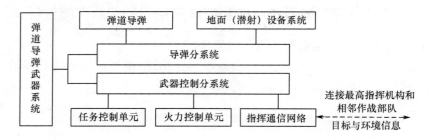

图7-2 弹道导弹武器系统基本组成图

武器指挥控制系统主要由任务控制单元、火力控制单元和指挥通信网络组成。将信息获取系统和导弹分系统有效联系起来，成为一个密切协同的整体，形成有效的作战能力。其中任务控制单元负责接收与处理目标信息系统获取的目标信息、各类预警和环境信息，以及作战指挥控制系统提出的全面的任务计划，进行详细的任务与作战规划，提出最后的任务计划并报请批准，向火力控制单元发送导弹输入数据并监视其发射前状态，执行导弹状态检测和下达导弹发射的命令；火力控制单元负责接收任务控制单元提供的各类情报信息和导弹输入数据，计算导弹输入数据并填装导弹，不间断地监视发射前导弹状态，执行发射导弹的命令；指挥通信网络则负责提供弹道导弹武器系统有效的通信接口，保障武器系统内部信息的交互，以及内、外部系统之间的各种信息的传输。

2. 弹道导弹打击航空母舰作战过程

1）领受任务

导弹部队作战指挥中心根据联合战役指挥部的指示向弹道导弹作战单元下达对敌航空母舰实施远程精确打击的作战任务，表明作战决心，同时，提出天基信息支援请求。此时卫星或地面提供通信支持，负责传输任务指令、目标情报和地形气象信息。空间作战指控中心接到信息支援请求后，进行任务规划，通过应急发射、卫星轨道机动等方式，提高重点海域的侦察密度。通过海洋监视和电子侦察截获舰艇上的雷达、通信和其他无线电设备发出的信号，迅速发现航空母舰战斗群，监视目标动向，获取目标位置、速度等信息。引导成像侦察卫星对目标进行侦察，获取目标详查信息。同时，利用前期获取的战场信息，引导各种搜寻探测设备，如预警机、空中巡逻机、无人侦察机及侦察船、水下潜艇、水下音响基阵、地基微波超视距雷达等，严密监视航空母舰动向，获取航空母舰编队组成、位置、航速、航向等信息，并实时传送至导弹部队作战指挥中心。

2）作战准备和机动部署

弹道导弹作战单元领受任务后，迅速进入临战状态，接收打击目标指示、作战区域的气象地理、敌方空间目标等信息支持，完成向发射阵地机动的准备，包括根据目标指示信息、作战地域的地形气象信息，确定发射地域；依据发射地域位置、作战地域的地形气象信息、敌方空间目标信息完成向发射地域机动的路线规划。弹道导弹作战单元按照规划路线从待机地域机动进入发射地域。机动过程中，作战单元根据天基目标信息适时停止机动，规避敌方卫星侦察。到达发射地域后，弹道导弹作战单元依据发射地域的地理信息和打击目标的最新指示信息，确定具体的发射阵地位置。

3）位置标定和诸元装订

弹道导弹作战单元进入发射阵地后，展开火力队形，进行精确定位定向，瞄准预设打击海域，预装弹道数据，导弹进入待发状态。在导弹发射前，要将发射点和目标点的经纬度、头部质量偏差、海拔高度等发射参数输入到地面计算机中，由地面计算机进行计算后，再将导弹飞行过程中所用到的程序角系数、关机特征量、惯性组合工具误差补偿系数等飞行控制参数装订到弹载计算机，对导弹进行姿态和稳定控制，控制导弹飞向目标。利用卫星导航定位系统对导弹惯性导航系统进行校准，利用最新的航空母舰位置参数，完成武器参数装订。

4）上报准备情况，等待发射指令

完成准备后，向上级指挥所报告，等待发射指令。一旦接到打击命令，迅速执行打击任务。

5）导弹发射

弹道导弹作战单元接到发射指令后，向预定航空母舰编队目标发射弹道导弹。

6）弹头制导控制飞行

弹道导弹在飞向航空母舰编队的过程中，导弹控制系统采用复合制导方式。中段采用惯性制导＋卫星导航定位制导组合制导，结合目标指示信息进行弹道修正，以此减小随时间累积的惯性制导误差和航空母舰机动带来的再入位置误差，减轻末端制导负担；当弹道导弹飞行至距离地面 $30 \sim 50 \mathrm{km}$ 时，启用末段寻的制导方式，其自身携带的导引头开始捕获和锁定航空母舰，弹头在导引头的引导下飞向目标。

7）打击效果评估

导弹发射后，成像侦察卫星、电子侦察卫星、海洋监视卫星和其他侦察手段迅速对被攻击的航空母舰进行详细侦察，得到目标攻击毁伤的图像，及时查明航空母舰是否中弹、起火，航空母舰的航速、航向，以及航空母舰上的载机是否起飞等情况，及时通过卫星通信网传回到作战指挥部，迅速对毁伤效果进行评估，确定是否需要补充打击，为后续的作战行动安排及决策提供依据。

7.1.2　弹道导弹反航空母舰作战的天基信息服务需求

支持弹道导弹反航空母舰作战的天基信息服务主要包括：目标侦察信息服务、导航定位信息服务、气象信息服务、测绘信息服务、通信与数据中继服务和卫星过顶预报服务。

1. 目标侦察信息服务

弹道导弹对航空母舰实施远程精确打击需要航空母舰的位置、航速、航向、空间遥感图像和电磁辐射特征等信息。航空母舰距岸远，活动范围广阔，需要天基信息服务协同完成目标信息获取。因此可将目标侦察信息服务分解为电子侦察信息获取服务、成像侦察信息获取服务、数据融合服务、信息处理服务等。

其中，电子侦察信息获取服务由海洋监视卫星和电子侦察卫星资源协同执行，它们共同完成对航空母舰目标的搜索、跟踪和定位，执行和完成目标位置、航速、航向和电磁辐射特征等信息的获取；成像侦察信息获取服务由各类成像侦察卫星根据其轨道和载荷特性，共同或单独完成目标图像信息的获取；信息处理服务完成目标电子特征信息和图像信息的集成处理,获取目标详情和动态变化信息,如目标的机动、毁伤等情况。

根据近些年美军对外军事干预动用航空母舰战斗群时的部署情况,预计美国在对我国进行军事干预时,其编队主力可能部署在我国台湾地区附近,距我国沿海 500 ~ 1000km 海域,最远不会超过 1300km,形成以我国台湾东南海域为重点、兼顾我国台湾西南和东北海域的弧形部署态势。需要进行目标定位的区域基本上在以台湾为中心的 1000km 宽度的带状区域内。针对该区域的天基侦察监视信息需求最迫切,平时时间分辨率应维持在每天 2 ~ 3 次,战时提高到每 2 ~ 3h 一次。

2. 导航定位信息服务

自主、无源、高动态和高精度的导航定位信息是提高弹道导弹精确打击能力和机动发射能力的重要信息。弹道导弹反航空母舰作战导航定位信息服务需求可分为导弹制导定位信息服务、部队机动定位信息服务和发射区域大地测量定位保障信息服务,均由卫星导航定位系统提供。其中,导弹制导定位信息服务与惯性制导型结合,为导弹飞行提供定位和测速信息,用于修正随时间累积的惯导系统误差,减小末端寻的制导负担,提高弹道导弹远程精确打击能力;部队机动定位信息服务,为导弹发射车、运输装载车和运弹车等主要的装备车辆提供精确的导航定位信息,提高导弹部队的机动能力和协同能力;发射区域大地测量定位保障信息服务主要提供发射阵地的发射坐标和基准方位边的大地方位角,主要应用于支持机动区域大地控制网布设,提高作战阵地联测、复测的精度和效率,为发射阵地快速定位定向提供保障。

导航定位信息应能够覆盖我国本土和周边海域,有较好的定位和测速精度,静态优于 10m,动态优于 40m,测速精度优于 0.1m/s,导航信号获取与跟踪时间优于 5s,具有较强的抗干扰能力,能适应复杂电磁环境下作战保障需求。

3. 气象信息服务

弹道导弹反航空母舰作战对气象信息时间范围的需求包括导弹部署区域和重点作战海域的军事气候分析,长、中、短期和短时天气预报与恶劣天气警报等;空间范围的需求涉及导弹作战首区、末区和飞行区,包括从大气边界层到空间的环境,还包括海洋水文和陆地水文。弹道导弹反航空母舰作战气象信息服务需求可分为发射首区气象保障信息服务、高空大气环境信息服务、目标区域气象监测信息服务,均由气象卫星及其地面处理系统完成。其中,发射首区气象保障信息服务提供风、云、雷、雨、雪、温度、压强等气象信息,用于为制定行动计划、确定发射窗口和发射诸元装订提供气象信息保障;高空大气环境信息服务提供大气电场、空中急流、风切变、大气湍流和目标区上空粒子云等环境信息,保障弹道导弹的飞行安全;目标区域气象监测信息服务提供目标区域的洋面温度、风速、风向、海况、水色和闪电探测等气象信息,用于选择打击时机,为弹道导弹末端制导方式和战斗部的选用提供参考。例如,景象匹配末端制导方式,对目标海域的能见度要求较高;电纤维子母弹头、云爆弹头等对目标海域的洋面风速和风向要求较高等。

4. 测绘信息服务需求

弹道导弹反航空母舰作战过程中需要卫星测绘信息服务保障的内容主要包括:精确测定导弹发射点的地心坐标,为导弹弹道计算提供位置参数,绝对定位精度水平应优于 5m,高程应优于 7m;建立发射阵地的方位基准,为导弹实施方位瞄准提供起始数据;确定发射点的垂线偏差,以便对导弹临射前的垂直姿态进行调整;测定发射点的重力加速度,以校准导弹惯性系统加速度表;提供发射点首重力场资料,提供 180 阶以上高精度重力场模型;以计算地球重力场对导弹飞行弹道的影响;收集机动区域地形资料和地理信息资料,绘制高精度的军事地图,支持导弹部队机动作战的路线和机动阵地的选择,地图生成能力优于 1:2.5万,更新周期 1 周。

5. 信息传输服务

弹道导弹反航空母舰作战需要通信卫星和中继卫星资源进行服务保障。导弹部队部署分散、作战范围广,可靠、连续、有效的指挥控制和畅通的通信保障是导弹部队作战的基本要求,在遂行反航空母舰作战任务时,由于航空母舰是移动目标,对于信息的时效性和连续性要求更为突出,这就需要信息传输服务提供可靠、畅通的通信和数据中继保障,完成指挥控制信息、目标侦察监视信息、导弹飞行状态和飞行控制等信息传输。

6. 预警信息服务

导弹武器系统在射前生存阶段,会收到敌方的攻击,一般采用远程轰炸机和导弹等进行攻击,因此需要导弹预警信息支持,并进行应对,以提高导弹射前生存能力。

7. 敌方卫星过顶预报信息服务

弹道导弹作战单元按照规划路线从待机地域机动进入发射地域。机动过程中,需要敌方侦察卫星过顶预报信息服务,作战单元据此适时停止机动或保持无线电静默,规避敌方卫星的侦察。

综上所述,结合导弹作战过程,弹道导弹反航空母舰作战过程对天基信息服务的需求如图 7-3 所示。

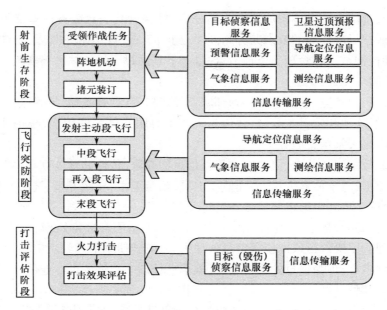

图7-3　弹道导弹反航空母舰作战过程对天基信息服务的需求

7.2　弹道导弹反航空母舰作战的服务节点和服务过程

7.2.1　弹道导弹反航空母舰作战的服务节点

弹道导弹部队作战的指挥关系如图7-4所示。

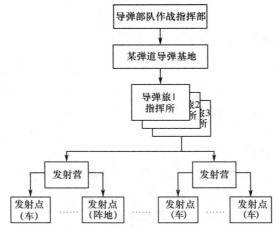

图7-4　弹道导弹部队作战的指挥关系

由天基信息服务体系的逻辑关系分析,可将天基信息服务体系支持下弹道导弹反航空母舰作战的节点共分为6类:门户节点、数据服务节点、功能服务节点、指挥控制节点和管理与监控节点,这些节点通过天地一体网络实现节点间的互联互通。

(1) 门户节点:主要包括导弹部队作战指挥部、导弹基地、导弹旅指挥所、发射营、发射阵地和发射车等,这些均为天基信息服务体系的用户,根据作战需要请求和应用天基信息服务。

(2) 数据服务节点:主要完成天基信息的获取、传输和预处理。主要包括光学侦察卫星、电子侦察卫星、海洋监视卫星、预警卫星、导航卫星、气象卫星、测绘卫星、通信卫星和中继卫星等各类卫星。

(3) 功能服务节点:主要完成对获取后的天基信息进行处理、融合、分发和存储管理。主要包括成像侦察信息处理中心、电子侦察信息处理中心、海洋监视信息处理中心、预警信息处理中心、气象信息处理中心等各类专业信息处理中心以及对天基信息进行综合集成处理的天基信息处理中心等。

(4) 指挥控制节点:主要用于收集导弹部队通过门户节点发来的服务请求,对服务请求进行聚类分析和优先级评价,进行天基信息服务任务规划,对资源的指控、调度等,主要包括空间作战指控中心、空间协调机构等。与门户节点中的指挥部、指挥所不同的是,这里的指控中心是服务的提供者,门户节点中的指挥部是服务的使用者。

(5) 管理与监控节点:主要完成用户管理和服务管理,对系统中相关的数据服务节点、功能服务节点等发布的服务进行注册、统一调配、组合和管理,对用户的身份、等级和需求的追踪等。

7.2.2 弹道导弹反航空母舰作战的服务过程

服务需求按照第4章请求表达模型所定义的要素进行表述,下面以目标侦察信息服务请求为例,说明从用户角度如何在天基信息服务体系支持下获得目标侦察信息服务的过程,如图7-5所示。

过程描述如下:

(1) 用户通过门户节点注册,获得用户唯一标识(UserID)。

(2) 用户通过在线数据共享模式查询已有数据。由于天基信息服务的特殊性,在对天基信息服务有所需求的时候,首先是要进行在线查询,获得权限内数据库的支持,查询相关的数据信息,若数据信息直接可以满足需求,则退出;若数据信息基本符合要求,但还需要进一步处理,则转(3);否则,转(4)。

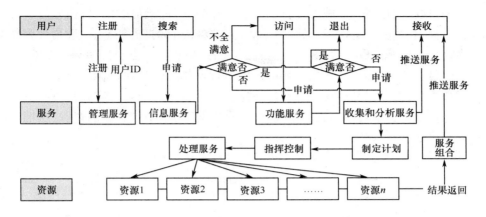

图 7 – 5　目标侦察信息服务请求与满足过程示意图

（3）用户通过在线功能共享模式获得天基信息分析与综合集成处理功能服务。用户可根据需求，直接调用相关的数据处理软件，对所获信息进行进一步处理，处理结果满足需求，则退出；否则，转（4）。

（4）用户按照天基信息服务请求表述模型的要素和方法进行服务请求表述，服务模式为定制推送服务模式，提交信息协调机构。

（5）用户等待结果返回，同时信息协调机构将该用户请求与其他用户请求进行综合，利用服务请求聚类算法进行请求聚类分析和优先级评价，并将结果提交空间作战指控中心；由指控中心综合各协调机构的请求，进行任务规划，并进行相应的任务分配和指挥控制。

（6）作战流程服务根据任务规划和分配结果组织服务资源，完成用户所需信息获取与综合集成处理的过程，明确了过程中各类作战活动之间的相互协作或信息传递关系。若在用户规定的时间约束范围内可以满足用户请求，则按照 UserID 通知用户提醒信息推送的时间和方式；否则通知用户请求难以满足。

（7）用户通过信息传输服务获得消息提醒或所需服务。

7.3　弹道导弹反航空母舰作战的天基信息服务效果

7.3.1　可实现弹道导弹反航空母舰作战的天基信息服务按需共享

共享是不同用户拥有相同或互为包含的服务。导弹部队部署分散、作战范围广，对于同一个作战目标，可能有多个作战单元/导弹武器系统有能力实施目标打击,这些武器系统实施目标打击所需的作战条件、响应时间、打击效果可能存在差异,具体哪一个作战单元(发射营/点)实施目标打击任务,一般由导弹作战指挥部根据所获取的目标信息进行任务分配,将作战任务分配给导弹基地,同时下传目标信息;导弹基地的导弹旅指挥所根据作战任务和目标信息等约束进行任务规划,根据任务结果下传目标信息并指示所属的发射营实施目标打击任务。这是传统的平台中心战的作战方式,自上而下,集中控制作战过程,按照指挥流程顺序进行,如图 7－6 所示。

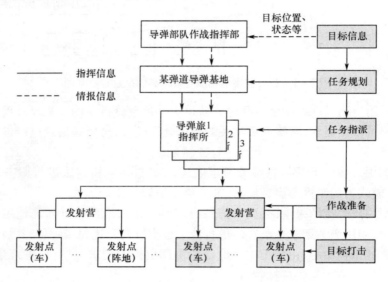

图 7－6　导弹反航空母舰作战的指挥关系和信息流程

　　而在天基信息服务体系支持下,可以通过服务的定制完成信息的共享。具体来讲,在作战准备阶段,导弹作战指挥部、导弹基地、导弹旅指挥所、发射营、发射车/场根据任务目标,提交用户需求,以主动推动模式订制目标侦察信息服务。这样,一旦获取航空母舰目标信息,将会同时传递给导弹作战指挥部、导弹基地、导弹旅指挥所、发射营、发射车/场,实现信息的共享。天基信息服务体系支持下的导弹反航空母舰作战指挥关系和信息流程如图 7－7 所示。

　　天基信息服务体系支持下的导弹反航空母舰作战,通过订制主动推送模式下的目标侦察信息服务实现了目标信息的共享,这种共享不是全面开放服务资源,让用户在数据海洋中寻觅所需要的信息,而是更具有目的性和针对性,即按需共享,不仅大大缩短了作战响应时间,还为武器系统之间的协同提供了支持。

174

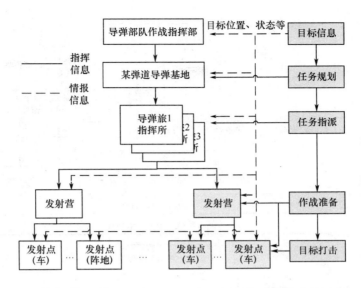

图 7 - 7　天基信息服务体系支持下的导弹反航空母舰作战过程

7.3.2　可实现弹道导弹反航空母舰作战的天基信息服务协同

　　协同是发生在两个或多个实体之间的一个过程,协同意味着为了一个共同的目标而在一起工作。在遂行反航空母舰作战任务时,由于航空母舰是移动目标,对于信息的时效性和连续性要求更为突出,这就需要天基信息服务之间进行协同,对目标进行持续的跟踪监视,共同满足用户的服务需求。这类需求为目标跟踪监视信息需求,往往是对未来某段时间作战目标的持续跟踪监视,需要对卫星任务进行规划,并在实施任务时可能存在协同行为,表现为某颗星发现目标后,进行目标指示,其他卫星再根据目标指示信息完成跟踪监视。在这种情况下,不仅执行信息获取和处理任务的各侦察类卫星之间需要在任务规划的基础上协同完成不间断的实时航空母舰目标信息的获取与处理任务,执行信息传递任务的各通信与数据中继类卫星之间也需要根据通信需求,在任务规划(主要是链路规划)的基础上协同完成实时目标信息的传递。也就是说,在卫星侦察系统内部、卫星通信系统内部和两个系统之间都需要服务协同。用户采用主动推送模式进行需求订制,并提出相应的数据更新频率等要求。导弹反航空母舰作战实时目标跟踪监视信息服务协同示意图如图 7 - 8 所示。

　　天基信息服务体系支持下的导弹反航空母舰作战,通过订制主动推送模式下的目标跟踪监视服务,在任务规划等服务的支持下,进行了服务资源的协同,在天基信息服务资源充分可用的条件下,将实现航空母舰目标的实时跟踪监视。

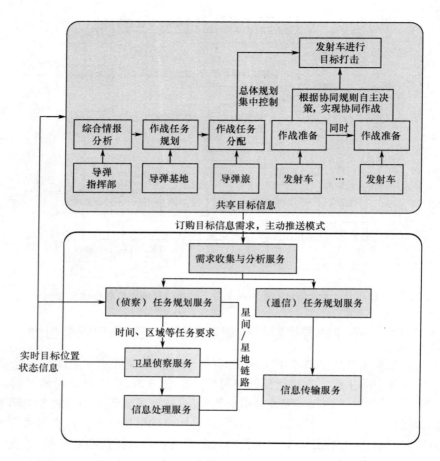

图 7-8　导弹反航空母舰作战实时目标跟踪监视信息服务协同示意图

7.3.3　可实现弹道导弹反航空母舰作战的天基信息服务整合

　　根据服务需求分析,可知弹道导弹反航空母舰作战不仅需要航空母舰目标信息,还需要气象信息、电磁环境信息、地形地貌信息(测绘信息)、卫星过顶预报信息的共同支持,才能高效完成航空母舰目标打击任务。这样,就需要对各类服务进行整合,形成综合性情报信息,提高服务效率。对于不同的信息,用户根据需要订制不同的服务模式,多种服务模式相结合,共同完成服务整合。弹道导弹反航空母舰作战天基信息服务整合示意图如图 7-9 所示。

　　天基信息服务体系支持下的导弹反航空母舰作战,通过多个服务请求和多种服务模式相结合,实现了物理层次和逻辑层次的服务整合,为用户提供了反航

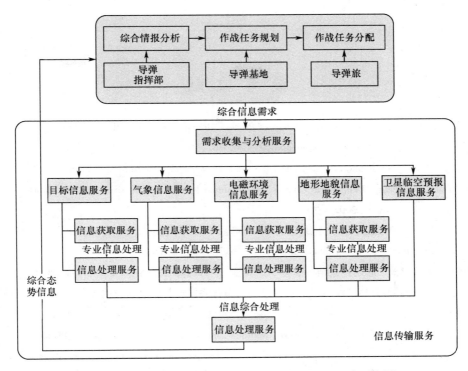

图 7 - 9　弹道导弹反航空母舰作战天基信息服务整合示意图

空母舰作战所需要的综合信息,信息的完整性可大大降低决策风险,提高作战效能。

参 考 文 献

［1］ Mika Koskela,Jyrki Haajanen. Business Process Modeling and Execution［EB/OL］.［2010 –
8 – 8］. http://www. vtt. fi/publications/index. jsp.

［2］ Kruchten . Architectural Blueprints—the 4 + 1 view model of software architecture,1997.

［3］ DoD Architecture Framework Version 2. 0 – Volume 1：Introduction,Overview,and Concepts—
Manager's Guide,2009.

［4］ Ministry of Defence. The MoD Architecture Framework Version1. 2. 004［EB/OL］.［2010 –
8 – 20］. http:// www. modaf. org. uk/DeferenceInternet/MODEF .

［5］ 耿伟波,席欢. 北约体系结构框架3. 0 版［J］.外军军事信息系统.2009,02:1 – 8.

［6］ 谢志航,冷洪霞.DoDAF 及其在美军武器装备体系结构开发中的应用装备研究［J］.国防
科技,2011,269(4):25 – 32.

［7］ Puck – Fai Yan,James A. McGovern, Matthew Potter ,et al. University Applied Physics Labo-
ratory. Tactical Spacecraft Commanding Service Architecture［C］. 5th Responsive Space Con-
ference. RS – 2007 – 6003. Los Angeles, CA, 2007.

［8］ Whitman L, Huff B. Structured Models And Dynamic Systems Analysis：The Integration Of
The IDEF0/IDEF3 Modeling Methods And Discrete Event Simulation［C］. Simulation Confer-
ence, Proceedings of the 1997 Winter,1997.

［9］ Boooth D,Haas H,Mccbef,et al. WebServices Architecture(W3C Working Draft) ［EB/OL］.
http:///www. w3. org/TR/2003/WD – ws – arch – 20030808/2003 – 0808/2006 – 04.

［10］ Paul C Brown. SOA 实践指南——应用整体架构［M］. 胡键,宋玮,祁飞,译. 北京:机械
工业出版社,2009.

［11］ NECC. Provisional Technical Transition Architecture Specification［R］. DISA,Version 0. 5.
7,2006.

［12］ 毛新生.SOA 原理、方法与实践［M］.北京:电子工业出版社,2007.

［13］ Lublinsky B. Defining SOA as an architectural style［EB/OL］.［2009 – 10 – 12］. http://
www. ibm. com/developerworks/webservices.

［14］ 陈应东.空间信息服务模式的研究与实践［D］.郑州:信息工程大学,2008.

［15］ 姬伟. 面向业务的空间信息服务应用开发体系链［D］.北京:中国地质大学,2010.

［16］ 中国人民解放军总参谋部第五十四研究所.联合信息作战条令［M］.北京:军事科学出

版社,2006.

[17] 杨鹏. 面向服务的新一代网络体系结构及其形式化建模研究[D]. 南京:东南大学,2006.

[18] 韩彬霞,李振富,康琦,等.战场信息平台一体化建设研究[M].北京:军事谊文出版社,2009.

[19] 张占月. 美军新版《空间作战》条令浅析[J]. 装备指挥技术学院学报,2009,20(5):41-45.

[20] 乐鹏.网络地理信息系统和服务[M].武汉:武汉大学出版社,2011.

[21] 王庸豪. 面向业务层次的服务识别方法[D].合肥:合肥工业大学,2010.

[22] Thomas Erl,SOA 服务设计原则[M]. 郭耀,译. 北京:人民邮电出版社,2009.

[23] Ali Kazemi, Ali Eostampuur,Pooyan Jamshidi,et al. A Genetic Algorithm Based Approach to Service Identification[C]. 2011 IEEE World Congress in Services. IEEE computer society, 2011 (2011 IEEE DOI 10.1109).

[24] Ghosh S, Allam A, Abdollah T, et al. SOMA:A method for developing service – oriented solutions[J]. IBM System Journal,2008(47).

[25] Norbeft Bieberstein,等.执行 SOA – SOA 实践指南[M]. 王海鹏,等译.北京:机械工业出版社,2009.

[26] De Castro, Marcos V E, Vara J. M. Applying CIM – to – PIM model transformations for the service – oriented development of information systems[J]. Information and Software Technology, 2011. 53(1):87-105.

[27] Jaap Gordijn, Eric Yu, Bas van der Raadt. E – Service design using i * and e3 value modeling[J] IEEE Software,2006,23(3):26-33.

[28] Patig S H, Wesenberg. Role of process modeling in software service design in Service – Oriented Computing Proceedings[M]. Berlin:Springer – Verlag,2009.

[29] Dwivedi V, Kulkarni N. A model driven service identification approach for process centric systems[C]. 2008 IEEE Congress on Services. Part II,2008.

[30] Jaeung Lee,Vijayan Sungumaran,Sooyong Park, et al. An Approach for Service Identification using Value Co – Creation and IT Convergence[C]. 2011 First ACIS/JNU International Conference on Computer,Networks,Systems,and Industrial Engineering. IEEE Computer Society, 2011.

[31] 王文芳,付东洋.卫星地面站接收与处理系统关键流程分析[J].信息技术,2011,9:34-38.

[32] 约翰·齐默尔曼海军少校.网络中心战的指挥控制方式[J]. 史越东,译. 海军译文.

2002,3:38 – 47.

[33] 徐国强,于铭东,于晓帆.信息化条件下的自适应协同[J].军事学术,2005,9:24 – 26.

[34] 张正强,谭跃进,王军民.基于 MAS 的分布式卫星系统任务规划研究[J].系统仿真学报, 2007, 19(12):2868 – 2871.

[35] 王红飞,李绪志,陈立军.基于 multi – agent 的卫星计划调度系统智能机制[J].计算机工程,2006,32(22):194 – 196.

[36] 陈四根.基于有向图的工作流过程建模与实现[D].合肥:合肥工业大学,2006.

[37] 谢玉凤,杨光信,史美林.基于条件化有向图的工作流过程优化[J].计算机学报, 2001,24(7):729 – 735.

[38] Jain H,Chalimeda N,Ivaturi N,et a1.Business component identification:a formal approach [C].Proceedings of the 5th IEEE International Enterprise Distributed Object Computing Conference.Los Alamitos,Ca1.,USA:IEEE Computer Society Press,2001.

[39] Lee J K,Jung S J,Kim S D,et a1.Component identification method with coupling and cohesion[C].Proceedings of the 8th Asia—Pacific Software Engineering Conference.Los Alamitos,Ca1.:IEEE Computer Society Press,2001.

[40] 原欣伟,覃正,卢致杰.基于耦合性分析的事务构件识别方法研究[J].控制与决策, 2004,19(9):1071 – 1073,1077.

[41] 文俊浩,向宏,李立新,等.基于邻接关系的空间聚类算法研究[J].计算机工程与应用,2003,34:184 – 186.

[42] 汪小帆,李翔,陈关荣.复杂网络理论及其应用[M].北京:清华大学出版社,2011: 10 – 15.

[43] W3C.Web Services Description Language(Version 2.0)Part O:Primer[M].W3C Working Group, 2007.

[44] Qingbo Guan, Shuxing Feng, Yanhua Ma. A Network Topology Clustering Algorithm for Service Identification[J]. Computer Science and Service System,2012,08:2149 – 2153.

[45] David S Alberts.信息时代军事变革与指挥控制[M].北京:电子工业出版社,2005.

[46] 王勇平.指挥信息控制概论[M].北京:国防大学出版社,2009.

[47] 秦振,张维明,邓苏,等.基于扩展 UML 的作战信息需求描述方法研究[J].计算机工程与应用,2010,46(16):16 – 20.

[48] 周伟.基于本体的 C^4ISR 系统需求描述框架研究[J].一体化联合作战与军事运筹研究,2005(11):75 – 78.

[49] 罗伟其.集成化信息系统需求描述的综合模型[J].小型微型计算机系统,2003,24 (11):1982 – 1985.

［50］曹裕华,冯书兴,管清波.航天器军事应用建模与仿真［M］.北京:国防工业出版社, 2010:99－105.

［51］陈琦程,等.面向服务的行业解决方案——原理方法和实践［M］.北京:电子工业出版 社,2011.

［52］陈建龙.信息服务模式研究［J］.北京大学学报(哲学社会科学版),2003,40（3）: 23－26.

［53］郭海明.数字图书馆信息服务模式的研究［J］.情报科学,2005,23(10):45－48.

［54］李德仁,朱庆,朱欣焰,等.面向任务的遥感信息聚焦服务［M］.北京:科学出版 社,2010.

［55］周成文,崔卫平.地理空间信息应用保障模式研究［J］.军事卫星应用参考.2011,7:1－7.

［56］Kuhlthau C C. Inside the search process: information seeking from the user's perspective ［J］. Journal of the American Society for Information Science. 1999,42(5):2321－2328.

［57］唐亮,张结魁,徐建华.网络消费者信息搜寻行为研究［J］.图书与情报.2008(2): 34－36.

［58］刘昇,吕维,江万寿,等.一种基于云计算模型的遥感信息处理服务模式研究与实现 ［J］.计算机应用研究,2009,26(9):3428－3431.

［59］Mclvor R T, Humphreys P K. A case－based reasoning approach to make or buy decision ［J］. Integrated Manufacturing Systems,2000,11(5):295－310.

［60］谷岩.基于框架和案例推理的应急预案表示和优选方法的研究设计［J］.计算机科学, 2012,6(39)163－167.

［61］仲秋雁,郭素,叶鑫,等.应急辅助决策中案例表示与检索方法研究［J］.大连理工学报, 2011,51(1): 137－142.

［62］管清波,冯书兴.主动推送模式下的情报需求预测模型［J］.系统仿真技术,2012,8 (4):300－305.

［63］管清波,冯书兴,马彦华.天基信息服务模式研究［J］.装备学院学报,2012.23(6): 66－71.

［64］Watson D, Abdullah S. Developing case—based reasoning system: a case study in diagnosing building defect［C］. Proceedings of the IEEE Colloquium on Case－Based Reasoning: Prospects for Applications Digest,1994.

［65］顾东晓,李兴国,梁昌勇,等.案例检索及权重优化研究及应用［J］.系统工程学报,2009, 12(6): 764－768.

［66］魏孝章,豆增发.一种基于信息增益的K－NN改进算法［J］.计算机工程与应用, 2007, 43(19): 188－122.

［67］鲁晓乐.基于服务能力的服务企业绩效研究［D］.长春:吉林大学,2009.

［68］沈光宝,赖青,夏训明.图书馆信息服务能力的灰色综合评价研究［J］.情报探索,2010,
(6):39－41.

［69］华瑶,俞明传.基于模糊层次分析法的企业信息服务能力综合评价［J］.情报科学,2009,
27(9):1390－1393.

［70］张继军.通信服务质量术语与通用 QoS 模型［J］.光通信研究,2004,(3):33－36.

［71］李吉梅,宋铁英.信息系统服务质量评价研究综述［J］.情报杂志,2007,(4):26－29.

［72］陶岚.基于层次分析法的高校图书馆电子服务质量评价研究［J］.农业图书情报学刊,
2011,23(11):20－26.

［73］王圣伟.基于服务质量的网格资源管理调度研究［D］.西安:西北师范大学论文,2007.

［74］王新敏,赵洪利.C⁴ISR 系统信息能力研究［J］.装备指挥技术学院学报,2005,16(5):
5－9.

［75］刘烈锋,宋志操,陈志军.信息能力的三维定量分析［J］.指挥控制与仿真,2006,28(5):
19－21.

［76］何宝民,董文洪,沙基昌.C⁴ISR 系统情报信息能力评价方法［J］.火力与指挥控制,
2009,34(10):36－39.

［77］舒振,马建威,罗雪山.军事信息服务的 QoS 模型及其监控机制［J］.兵工自动化,2010,
29(5):60－66.

［78］马建威,舒振,罗雪山.新型指控系统军事信息服务 QoS 技术研究［J］.中国电子科学研
究院学报,2009,4(5):464－468.

［79］袁旭梅,刘新建,万杰,等.系统工程学导论［M］.北京:机械工业出版社,2006.

［80］李柏洲.应用解释结构模型构建企业原始创新系统及系统运行分析［J］.软科学,2009,
23(8):119－124.

［81］雷中原,李为民,黄仁全.网络化条件下作战实时协同能力指标研究［J］.现代防御技术,
2009,37(3):10－13.

［82］张杰,唐宏,苏凯,等.效能评估方法研究［M］.北京:国防工业出版社,2009.

［83］吴炜琦,张育林.光学侦察卫星的目标探测概率分析［J］.国防科技大学学报,2006,28
(4):14－17.